大话工程数学之
复变江湖

岳振军 岳尘 倪雪 余璟/编著

U0359936

机械工业出版社
CHINA MACHINE PRESS

本书秉持"学为中心"理念，用一个梦游故事串联了"复变函数与积分变换"课程的主要知识点，包括复数和复变函数、导数、积分、级数、留数、保形映射、傅里叶变换和拉普拉斯变换等内容。本书模糊了时空概念，强调知识体系所蕴含的科学思想方法、内在逻辑性以及表达的趣味性，本书采用章回体小说的形式，用近乎荒诞的故事和诙谐幽默的语言，解释了复变函数课程的概念、理论和方法，易懂、生动。

本书可作为高等院校有关专业"复变函数与积分变换"课程的参考书，也可供相关技术人员阅读参考。

图书在版编目（CIP）数据

大话工程数学之复变江湖／岳振军等编著．-- 北京：机械工业出版社，2025.3. -- ISBN 978-7-111-77403-7

Ⅰ. O17-49

中国国家版本馆 CIP 数据核字第 2025RL4479 号

机械工业出版社（北京市百万庄大街 22 号　邮政编码 100037）
策划编辑：李馨馨　　　　　　责任编辑：李馨馨　李　乐
责任校对：王荣庆　张　征　　责任印制：刘　媛
北京中科印刷有限公司印刷
2025 年 3 月第 1 版第 1 次印刷
169mm×239mm · 13 印张 · 1 插页 · 192 千字
标准书号：ISBN 978-7-111-77403-7
定价：69.00 元

电话服务　　　　　　　　　　网络服务
客服电话：010-88361066　　机 工 官 网：www.cmpbook.com
　　　　　010-88379833　　机 工 官 博：weibo.com/cmp1952
　　　　　010-68326294　　金 书 网：www.golden-book.com
封底无防伪标均为盗版　　　　机工教育服务网：www.cmpedu.com

一前　言一

复数产生于 16 世纪，源于代数方程的求根问题，但一开始只是单纯从形式上推广而来。直到 18 世纪，达朗贝尔、欧拉等人深入探究了复数的几何与物理意义，建立了系统的复数理论，才使复数得到了大众的认可。到了 19 世纪，柯西、魏尔斯特拉斯和黎曼等人为复变函数的分析奠定了坚实的理论基础。20 世纪以来，复变函数论作为数学的重要分支之一，随着其领域的不断扩大，逐渐发展成一门庞大的学科，在自然科学和工程领域如空气动力学、流体力学、电学、热学、理论物理等及数学的其他分支如微分方程、积分方程、概率论、数论等中，得到了广泛的应用，已经成为相关专业重要的基础课程。

为了帮助读者更好地理解复变函数与积分变换课程的主要思想方法，作者依据工科专业"复变函数与积分变换"课程教学大纲创作编撰了本书。本书具有如下特点：

1）本书侧重于对数学思维方法的解读和介绍，不以解题为目标，只关注知识的产生及其中涉及的思想方法，以期对读者深入理解课程内容提供一定的帮助。

2）以知识的内在关系为主线，强调知识的体系性，便于学生从整体上把握知识脉络。复数、复函数、复导数、复积分、级数、留数、保形映射等概念与高等数学的函数、微分、积分、级数等概念对比介绍，学生可以在比较中学习和掌握有关内容，体现了建构主义的教学理念。

3）以问题为牵引，使知识的展开更有针对性。书中每一个概念和理论的产生，都对应于一个问题的需要，对工科学生而言突出了知识的针对性，也提高了知识的实用性。

4）以故事引领内容的展开，凸显了知识的生动性和启发性。本书表达方式灵活，能够说清其他教材无法说清的问题。本书不是教科书，不必像教科书那样严谨、系统，因而有更加强大的表现力。书中涉及多门学科知识点，便于读者理解复变函数与积分变换的相关概念、方法和应用场景。

本书不宜作为教材，但可以作为复变函数与积分变换课程学习者的课余读物，也可以供讲授复变函数与积分变换课程的青年教师参考，对相关领域的从业人员，相信也会有一定的启发作用。对其他想了解复变函数与积分变换课程概貌的读者，本书也提供了一个便捷的通道。

本书在编写过程中得到了作者同事和好朋友的大力支持与热情帮助。年届耄耋的陈鼎兴教授详细审阅了初稿，提出了非常具有建设性的指导意见，并改写了部分章节；王在华教授仔细阅读了全书，指出了其中的谬误并给出了指导性的修改意见；田畅教授、王海教授等好朋友伴随本书的创作过程一路指导帮助，还有许多同事，不仅在技术上指导帮助，而且在精神上鼓励支持，没有他们，不会有本书的面世，在此一并致谢。

以这种风格编写自然科学类课程的参考书不仅需要对课程本身有深刻的理解，而且需要有过硬的文学创作基本功和数学、科学史方面的素养，可惜作者在这些方面都有所欠缺。作者殷切期待读者能从各个角度提出批评意见，以便作者对本书做进一步修改。期待有一天，本书能够得到更多读者的认可与喜欢。

需要郑重声明的是：书中故事纯属虚构，如有雷同，纯属巧合。书中所提到的人物，除借用人名外，均无现实原型，请勿对号入座。

作者在邮箱（276470068@qq.com）等待您的指教。

一复变函数与积分变换知识体系发展时间线一

本书中历史人物的出场顺序并非遵循真实的历史时间，真实的时间线如下：

一　早期萌芽（17 世纪—18 世纪）

17 世纪：复数概念出现，笛卡儿、莱布尼茨等对虚数进行了初步探讨。

18 世纪：欧拉在复数指数表示、复变函数基本性质等方面做出贡献，提出了欧拉公式。

二　复变函数理论的形成（19 世纪初）

19 世纪初：柯西提出了柯西积分定理和柯西积分公式，建立了复变函数的核心理论。

1825 年：柯西发表复变函数积分的论文，标志着复变函数理论的正式形成。

三　复变函数理论的进一步发展（19 世纪中后期）

19 世纪中期：黎曼提出黎曼映射定理，推动了复变函数的几何理论发展。

19 世纪末：魏尔斯特拉斯在幂级数表示和解析延拓方面做出了重要贡献。

四　积分变换的兴起（19 世纪末—20 世纪初）

19 世纪末：傅里叶提出了傅里叶级数和傅里叶变换。

20 世纪初：拉普拉斯的拉普拉斯变换被广泛应用于工程和物理学中。

五　现代发展（20 世纪至今）

20 世纪：复变函数和积分变换的理论得到广泛应用。

20 世纪中后期：数值方法和符号计算在复变函数和积分变换中得到应用。

六　当代应用与扩展（21 世纪）

21 世纪：复变函数和积分变换的理论在信息科学与工程各领域发挥重要作用。

目 录

CONTENTS

第十一回　指对联手显威力　初等函数成一统 …… 62

第十回　解析自有高阶导　拉普拉斯初显能 …… 54

第九回　可导未必能解析　柯黎条件立规矩 …… 45

第八回　牛顿求导莱微分　道不相同意相通 …… 40

第七回　复极限曲径通幽　论连续虚实同理 …… 33

第六回　刘云飞江湖小胜　函数派再露锋芒 …… 29

第五回　方程派初试牛刀　函数派铩羽而归 …… 26

第四回　复数域无穷可达　黎曼球搞乱曲直 …… 21

第三回　欧拉公式曝天机　指数三角本一体 …… 15

第二回　实生复何须开方　复转实运算通法 …… 8

第一回　忧学业梦入江湖　打擂台横生复数 …… 1

前言

复变函数与积分变换知识体系发展时间线

参考文献 ⋯⋯⋯⋯⋯⋯⋯⋯⋯ 197

第二十二回　拉普拉斯也变换　梦醒方觉江湖奇 ⋯⋯ 186

第二十一回　傅氏变换连时频　冲激函数单位元 ⋯⋯ 177

第二十回　正交展式做中介　系数排列成频谱 ⋯⋯ 166

第十九回　当年相思若还在　不怨青丝成白雪 ⋯⋯ 150

第十八回　刘云飞终有回报　因留数万古传名 ⋯⋯ 137

第十七回　洛朗跟风幂级数　正幂负幂一笼统 ⋯⋯ 132

第十六回　幂级数再出江湖　最有用泰勒展开 ⋯⋯ 117

第十五回　序列级数做基础　分解函数有依据 ⋯⋯ 105

第十四回　积分公式连微积　大道至简数柯西 ⋯⋯ 92

第十三回　解析围线积分零　柯西定理初奠基 ⋯⋯ 83

第十二回　定不定各有巧妙　牛莱式合而为一 ⋯⋯ 72

第一回
忧学业梦入江湖　打擂台横生复数

阅读提示：本回叙述了复数的产生。数学上把数分为实数和复数，实数分为有理数和无理数，有理数又分为整数和分数……但各种数的概念并不是同时产生的。本回梳理了数系的发展历程，介绍了复数的由来。

夜已经很深了，刘云飞翻来覆去睡不着，脑海中始终抹不去导师田教授那恨铁不成钢的眼神：

"这个问题这么简单，把它写成复变函数，结果就是一个简单的复变函数的积分，利用留数定理，立即就得到了结论，你看你绕来绕去，怎么就是找不到正路子呢？你大学里的复变函数课，到底是怎么学的？上课的时候你都在干什么呢？"

是呀，当时我在干什么？刘云飞拼命地想着。复变函数这个课程当时确实是学过的。自己在课上好像也在认真听讲，但又好像没有听。脑子里面确实没有想到，在自己的研究课题当中，怎么样利用复变函数的理论和方法，以至于自己的博士论文，迟迟都拿不出来。今天被导师这么教训，确是自己活该。如果，如果当初自己在上复变函数课的时候能多学一点，学好一点，学深一点，学透一点，那么今天还至于这么被导师奚落吗？

"假如上天再给我一次机会，"刘云飞想着，"再给我一次学习复变函数的机会，我一定，一定要尽我所能，能学多好学多好。"

就在这深深的自责与后悔中，刘云飞进入了梦乡。

迷迷糊糊中，刘云飞感觉自己来到一个风景秀丽的庄园。草木青青，鸟语花香，循着隐约的喧嚣声，他看到一群人围在一起，似乎在围观着什么。刘云飞悄悄往前挤了挤，看见场地中间摆着三张桌子，后面端坐着三个大汉，左右两人气势汹汹，而中间的那位慈眉善目，分明就是自己的导师田教授。本想上前打个招呼，一看这么多人，这种场合，刘云飞不免有点怯场，就悄悄地跟旁边的人打听：

"兄弟，这是干嘛呢？"

旁边的人看都没看他，嘟囔了一句："打擂呢！"

刘云飞很好奇：打擂？这年头还有人打擂？急忙追问到："为啥呀？"

那人转过头来，看见刘云飞，脸上掠过一丝惊讶的表情，似乎看见了什么不常看见的东西，上下打量了一下，仿佛下了个决心，说道："喏，你看，右边那人是方程派掌门方成，左边那位是函数派掌门韩素，中间是今天的裁判长田教授。方成认为是对方程解的追求才导致了数的扩充，而韩素觉得函数意义的丰富才是数的扩充的动力，两个人都认为应该干一仗，喏，就组了今天这个局。"

刘云飞的脑瓜子"嗡"的一声就乱了："我是谁？我在哪？田教授又是干嘛的？"忽然想起曾看过一本书，说是 16 世纪的欧洲，流行数学擂台，动不动就组个局干一架，难道自己回到了 16 世纪，又来到了欧洲？自己是穿越了，梦游了，神经了，还是死了？他想掐一下大腿，试试疼不疼，因为听人家说梦里掐自己是不会觉得疼的，当然死人更不会觉得疼。但又想，醒着梦着真就那么重要么？醒着的时候得不到的东西，如果在梦中得到了，那何尝不也是一种满足，一种幸福呢？又何必要那么清醒呢？

就在刘云飞各种纠结的时候，场上那个被称为田教授的老者开口说话了："各位，大家都知道啊，这个数的概念，从自然数到无理数，不是同时产生的，而是一步一步发展的啊，吭吭吭。那么，是什么原因导致数一步步地扩充呢？方程派的方成大师和函数派的韩素大师各有见解，今天呢，就请大家做个公道，看看是谁的观点正确。按照事先抽签顺序，请韩素首先出招。"

韩素应声站起，飒爽英姿地亮了一个相，朗声说道："各位，自古真情靠不住，唯有函数得人心。函数是用来给社会生活、生产实践中的各项活动建模的最有效工具，世间万物，莫不是一个数，人间万事，逃不脱一个函数。用函数记录历史，用函数改造世界，这是我派的基本观点。运算不过是一类特殊的函数，数的扩充就是在运算的过程中发现运算结果超出既有数的范围，即数集对运算不封闭，于是把所有的运算结果都包括进来，将数的范围扩大，使之对该运算封闭。人类在有了自然数 $\{0,1,2,\cdots\}$ 之后产生了加法，自然数对加法是封闭的，自然数加自然数还是自然数，但自然数对加法的逆运算，也就是减法不封闭，小数减大数，比如 3-5 的结果就不再是自然数，于是就引进负自然数，将扩充后得到的包括正负自然数的数集称为整数，整数对加减运算都封闭。

加法的重复进行产生了乘法，乘法的逆运算是除法，整数对乘法运算是封闭的，整数乘以整数结果还是整数，但整数对除法运算不封闭，两个整数相除，比如 3 除以 5，结果不一定是整数，解决的办法是把所有整数除法的结果，即分数，都引进来，得到有理数。

就像连加产生乘法一样，连乘产生乘方，有理数对加减乘除四则运算和乘方运算都封闭，并且奇妙的是，有理数都可以表达成整数除法的形式，其结果要么是有限位小数，要么是无限位循环小数，但它对乘方的逆运算——开方不封闭，有理数的开方可能会得到无限不循环小数。

然而，如果还按照前面的想法，把有理数开方的运算结果，甚至连同它们与四则运算的各种组合都包括进来，先辈们发现也还是不够的，这中间经历的探索过程比较曲折，并且一般人也不容易理解，我就不多说了，反正通过上百年的努力，人们发明了多种扩充有理数的途径或方法，幸运的是最终所得到的结果可以认为是相同的，特点是可以和数轴上的点一一对应，这就是实数。实数中去掉有理数剩余的部分自然被称为无理数。从有理数到实数的扩充呢，一个比较容易理解的方式，是由康托尔给出的，粗略地说，是包含所有有理数序列的极限。取极限当然也是一种运算，每一个无理数都可以表达为一个有理数序列的极限。这就完成了数的扩充，扩充的结果——实数足以表示现实世界的所有对象，从而也使得用函数表示人类的活动成为可能。这就是我今天所要表达的内容。"

说罢，在一片掌声中狠狠地瞪了方成一眼，回到自己的座位上坐下。

田教授站了起来，摆了摆手说道："韩素大师说完了，下面有请方成大师来阐述他们的观点。"

方成一身仙风道骨，潇洒地站起身，向前一步，躬身来了一个罗圈揖，微微一笑，说道：

"各位，在自然科学史上，有一个最神奇的东西，就是方程，它综合了追求、规则以及猜想、探索等要素，既满足了人们探索未知世界的欲望，也充满着探险和刺激，将严谨的科学性和充分的趣味性完美地融合在一起，是大家最喜闻乐见的东西，也是数学中最有趣、研究历史最悠久的内容，更是经久不衰、历久弥新的研究话题，人在，方程就在。爱因斯坦说，政治只是一时，方程式却是永恒。这也是我派能够不断发扬光大的原因，即使到了将来的 21 世纪，方程仍然是各学科最有魅力的研究对象。"

大师顿了一下，瞄了一眼韩素，接着说道："方程最重要的问题是求解。但是，对拥有不同知识的人来说，对解的认识就不一样。

比如，对仅有自然数知识的人来说，$x+3=2$ 就没有解。解决的办法是什么呢？我们可以制定规则，规定小数不能减大数，即 $2-3$ 是不合法运算，由此断定这个方程无解。这种规定显得狭隘、暴力且没有远见。一个更具创意、更高明的办法是扩大数的范围，也就是更新人对数的认识，将数的概念推广到使方程 $x+b=0$ 都有解，解是 $x=0-b=-b$，这就在自然数的基础上产生了负数的概念。自然数是上天赏给人们的礼物，负数是人类自己的发明。在自然数的基础上增加负数，就得到了整数的概念。

继续下去，在整数范围内，方程 $ax+b=0$ 不总有解，一个不狭隘又不暴力的做法是将整数范围扩大到包括 b/a 的形式，称之为比数，中国人称它为有理数。在有理数范围内，一元一次方程有且仅有一个解。

然后我们可以考虑二次方程 $x^2=b$，这个比较尴尬。就算是最简单的 $x^2=2$，我们发现也无法找到一个有理数 q/p 满足这个方程。这可以用反证法来证明：

若有 q/p 满足方程，我们可以用因数分解方法先消去它们的公因子，消到没有公因子，即 p、q 不会同时是偶数为止。消去公因子之后的数还用 p、q 表示，代入原方程，得到 $q^2 = 2p^2$，这样 q^2 就是偶数。由于 q 是整数，一个整数的自乘是偶数，那这个数也必然是偶数，从而可设 $q = 2k$，代入 $q^2 = 2p^2$，得到 $2k^2 = p^2$，同样的方式可以证明 p 也是偶数，这就与我们前面假设的 p、q 不同时为偶数产生了矛盾。

最初函数派的想法是将有理数的加减乘除、乘方、开方的结果扩充进来，但这仍不能满足方程求解的需求。我派的两位大师，挪威数学家阿贝尔[○]和法国数学家伽罗瓦[○]都从理论上证明，5 次以上的一般代数方程的根不能仅由有理数的这些运算表示，于是我们索性将新的数系定义为所有有理系数方程的根（后来林德曼[○]称为代数数）。我派比较惭愧的是，法国数学家刘维尔、埃尔米特和德国数学家林德曼证明了 $e = 1 + (1/1!) + (1/2!) + \cdots + (1/n!) + \cdots$ 与圆周率 π 不是系数为有理数的方程的根。这样我派认识到，利用代数方程的根而产生的'数'是不完全的，我派摒弃门户之见，以海纳百川之胸怀，与众多学派一道，为数的扩充建立诸多渠道，其中最好理解的就是韩素大师刚才说过的，我就不重复了。有了实数的概念后，人们就觉得数够用了，出于几何直观的考虑，人们用数轴作为实数的另一种表示方式：将实数与数轴上的点建立了一一对应。"

○ 本书模糊了历史真实的时间线，仅按照知识体系的逻辑结构讲故事。尼尔斯·亨利克·阿贝尔（Niels Henrik Abel, 1802 年 8 月 5 日—1829 年 4 月 6 日），在很多数学领域做出了开创性的工作。他最著名的一个成果是首次完整地给出了高于四次的一般代数方程没有一般形式的代数解的证明。这个问题是他那个时代最著名的未解决问题之一，悬疑达 250 多年。他也是椭圆函数领域的开拓者，阿贝尔函数的发现者。

○ 埃瓦里斯特·伽罗瓦（Évariste Galois, 1811 年 10 月 25 日—1832 年 5 月 31 日），群论的创立者。利用群论彻底解决了根式求解代数方程的问题，并由此发展了一整套关于群和域的理论，人们称之为伽罗瓦理论，并把其创造的"群"叫作伽罗瓦群（Galois Group）。伽罗瓦生前在数学上研究成果的重要意义并没有被人们所认识，他曾呈送科学院 3 篇学术论文，均被退回或遗失。后转向政治，支持共和党，曾两次被捕。1832 年死于一次决斗。

○ 林德曼（Lindemann, 1852—1939），德国人，他是 19 世纪末与 20 世纪初的数学家，其主要贡献在于率先证明了圆周率 π 是一个超越数。

说罢拱着手转个圈，回到自己的座位上坐下。

这下高低立判。众人一下子明白，原来就是韩素在挑事。这方成一谦让，反而显得函数派小气了。

刘云飞实在忍不了了。这都啥呀？

他使劲往前挤了挤，刚想发表一下自己对方程与函数的关系的见解，忽然想到，自己来自几百年后，和这帮人的认知不在一个水平上，没有可能平等交流，只好苦笑了一下，强行将想说的话憋了回去。

理智上，大家都会认可，认知不在一个水平上的人没有必要去分辩什么，但在实际中，能忍住不说的人一般都是不一般的人。

田教授正要发话，旁观者中间突然窜出一人，大声喊道："诸位，我有话说！"

田教授连忙问道："你是谁？你想说什么？"

那人对着田教授鞠了一躬，说道："我是意大利的卡丹[○]。什么函数派方程派，能解决问题的才是正经派。我请教两位一个问题，我有一段长为 20 m 的栅栏，要围一个面积为 40 m² 的羊圈，长和宽应该各为多少呢？"

韩素马上抢着说道："长方形的面积是长和宽的函数，长又可以表示成长方形周长的一半再减去宽，因而也是宽的函数，你这个问题很简单，用 S 表示面积，x 表示宽，那么 $S=x(10-x)=-x^2+10x=-(x-5)^2+25$，由于 $(x-5)^2$ 总是不小于 0 的，所以这个函数的最大值是 25，不可能得到一个 40 m² 的羊圈。你这是来捣乱的！"

卡丹正要发话，方成赶忙摆了摆手制止了他，缓缓说道："我来回答这个问题吧！设长方形一边为 x，则问题转化为求方程 $x(10-x)=40$ 的根，也就是求 $(x-5)^2+15=0$ 的根，很显然，按照我们一贯的做法，这个方程 $(x-5)^2+15=0$ 的根为 $5+\sqrt{-15}$ 和 $5-\sqrt{-15}$，也就是长和宽分别是 $(5+\sqrt{-15})$ m 和 $(5-\sqrt{-15})$ m。"

○ 卡丹（Girolamo Cardano，1501—1576），意大利文艺复兴时期百科全书式的学者，数学家、物理学家、占星家、哲学家和赌徒，古典概率论创始人。他一生写了 200 多部著作，内容涵盖医药、数学、物理、哲学、宗教和音乐。

　　韩素马上就不干了，起身质问道："你那个-15 开方是什么意思？你打算怎样把 20 m 长的栅栏分为两段（5+$\sqrt{-15}$）m 长的和两段（5-$\sqrt{-15}$）m 长的栅栏呢?"

　　方成阴恻恻地笑道："既然别人可以提个假问题，那我也可以给他一个虚答案。这个答案虽然是虚的，也就是说找不到一根长度为（5+$\sqrt{-15}$）m 的绳子，但它是可以在我们的大脑中存在的。"

　　很明显方成这是在讥讽卡丹。韩素一下子分不清这方成是敌是友了。前面有两派之争，自然是敌人，但这会儿又帮助自己回击了卡丹，应该算是朋友了吗？这是兄弟阋于墙，外御其侮的意思吗？他一下子不知道该说什么好了。

　　就在这时，人群中又跑出一人，举着手高喊："我有话说，我有话说!"

　　欲知此人是谁，又说出什么话来，且看下回。

第二回
实生复何须开方　复转实运算通法

阅读提示：本回给出复数的一般定义，通过与实数的对比建立复数的运算法则。在四则运算上，复数没有产生新的内容，但复数共轭的概念是需要认真体会的。

众人静静地看着他，这人跑到方成面前，兴奋地说道："方大师，我是法国数学家笛卡儿[⊖]。您做得好啊！您看您的那个 $5+\sqrt{-15}$，如果能把 $\sqrt{-1}$ 作为一个新的数类，给它一个专用代号 i，岂不是能得到一类新的数 $a+bi$，a、b 为实数？有了这个数类，任意实系数一元二次方程岂不是都可以求解了吗？"

方成本来是对卡丹的问题不满意，故意编个瞎话噎他的，被笛卡儿这样弄假成真，反而有点不知所措了。他犹豫了一下，嗫嚅道："好是好，只是这 $\sqrt{-1}$ 是个什么东西？它有意义吗？"

笛卡儿坚定地说："不怕。数学上的东西，有的是从实践中总结归纳出来的，自带意义，但也会有一些内容是在数学家脑子里形成的，反过来去指导实践，这些内容的意义就是后来赋予的。现在虽然找不到 $\sqrt{-1}$ 的实际意义，但我

⊖ 笛卡儿（René Descartes, 1596—1650），法国哲学家、数学家、物理学家。他对现代数学的发展做出了重要的贡献，因将几何坐标体系公式化而被认为是解析几何之父。他还是西方现代哲学思想的奠基人之一，是近代唯心论的开拓者，提出了"普遍怀疑"的主张。他的哲学思想深深影响了之后的几代欧洲人，并为欧洲的"理性主义"哲学奠定了基础。

们可以先研究着，或许将来能有比我们聪明的人，给它赋予一个实际意义，因而就能产生巨大的应用价值。"

笛卡儿发明了坐标系，把实数对和平面点一一对应了起来，把抽象的数用形象的点来表示，使得人们可以用代数的方法研究解决几何问题，也可以用几何的方法研究解决代数问题，受到了世人广泛的好评，人们对他充满了崇敬和希望。

这时，18 世纪的达朗贝尔[○]犹犹豫豫地站了出来："老师，我觉得您创造了一个新的数种，它不像自然数、整数、有理数、实数那样来自于自然界和生活实际，它来自于想象和虚构，但是，想象和虚构的理论和方法也有可能改造现实呀！听说，数学里的好多理论一开始都没觉得有啥实际用处，到最后却大大地推动了科技的进步呢！"

刘云飞想，这哥们儿是个明白人，比如代数里群环域理论，一开始就觉得是思维游戏，后来被用于密码学，成为密码技术的核心理论。

笛卡儿一听："哦？有这事？那你就去负责给复数找个实际应用吧！"

达朗贝尔受到鼓舞，后来就真的和欧拉[○]等人一起，逐步给复数赋予了清晰的几何意义与贴切的物理意义，建立了系统的复数理论并为其找到了宽阔的应用空间，最终使人们理解并接受了复数。这是后话，暂且不表。

田教授也顺水推舟地说："那好吧，那你们几个就去好好研究一下这类数吧！"

○ 达朗贝尔（d'Alembert，1717—1783），法国著名的物理学家、数学家和天文学家。一生研究了大量课题，完成了涉及多个科学领域的论文和专著，其中最著名的有八卷巨著《数学手册》、力学专著《动力学》、23 卷的《文集》《百科全书》的序言等。

○ 莱昂哈德·欧拉（Leonhard Euler，1707 年 4 月 15 日—1783 年 9 月 18 日），瑞士数学家、自然科学家。欧拉是 18 世纪数学界最杰出的人物之一，他不但为数学界做出贡献，更把整个数学推至物理的领域。他是数学史上最多产的数学家，平均每年写出八百多页的论文，还写了大量的力学、分析学、几何学、变分法等的课本，《无穷小分析引论》《微分学原理》《积分学原理》等都成为数学界中的经典著作。欧拉对数学的研究如此之广泛，因此在许多数学的分支中也可经常见到以他的名字命名的重要常数、公式和定理。此外欧拉还涉及建筑学、弹道学、航海学等领域。瑞士教育与研究国务秘书 Charles Kleiber 曾表示："没有欧拉的众多科学发现，我们将过着完全不一样的生活。"法国数学家拉普拉斯则说：读读欧拉，他是所有人的老师。

韩素仿佛看到了露脸的机会，忙抢着说："有什么研究的价值呀？把$\sqrt{-1}$看成一个数，用 i 表示，那就可以写$\sqrt{15}\,$i，这样负数就可以开平方了，当 $a>0$ 时，$\sqrt{-a}=\sqrt{a}\,$i。"

笛卡儿一看有人抢风头，马上大声说："我提议将这个 i 按照中国人的叫法，称它为虚数，翻译成英语，就是 imaginary number，我们也不光说虚数，把虚数和实数结合起来，定义形如 $z=x+iy$ 或 $z=x+yi$ 的数为复数，其中 x 和 y 均是实数，称为复数 z 的实部和虚部，记为 $x=\mathrm{Re}z$，$y=\mathrm{Im}z$，$i=\sqrt{-1}$，称为虚单位。这样我们就可以将实数一下子拓展到复数。"

看到几个人争来抢去，主持会议的田教授不由得感慨万千。他急忙抢过话头，说道："复数的概念有了，将来还会有具体的应用，那我们是不是要对复数建立起运算规则呢？仅有概念是不够的，总要有点理论支持应用吧？"

笛卡儿不再谦让，急忙说道："其实建立复数的运算规则并不复杂。我们就把它当成一个普通的数好了，稍微特殊地，就是遇到 i^2 可以当成 -1，当然 -1 也可以当成 i^2。

具体来说，两个复数 $z_1=x_1+iy_1$ 与 $z_2=x_2+iy_2$ 相等，当且仅当它们的实部和虚部分别对应相等，即 $x_1=x_2$ 且 $y_1=y_2$。虚部为零的复数可看作实数，也就是 $x+i\cdot 0=x$，特别地，$0+i\cdot 0=0$，因此，全体实数是全体复数的一部分。

实部为零但虚部不为零的复数称为纯虚数，复数 $x+iy$ 和 $x-iy$ 称为互为共轭复数，记为

$$\overline{x+iy}=x-iy \quad \text{或} \quad \overline{x-iy}=x+iy$$

对常用的四则运算，记复数 $z_1=x_1+iy_1$，$z_2=x_2+iy_2$，则可以规定：

$$z_1\pm z_2=(x_1\pm x_2)\pm i(y_1\pm y_2)$$

$$z_1\cdot z_2=(x_1x_2-y_1y_2)+i(x_1y_2+x_2y_1)$$

$$z\cdot \bar{z}=(x+iy)(x-iy)=x^2+y^2=|z|^2$$

$$\frac{z_1}{z_2}=\frac{x_1x_2+y_1y_2}{x_2^2+y_2^2}+i\frac{x_2y_1-x_1y_2}{x_2^2+y_2^2}\ (z_2\neq 0)$$

至于什么交换律、结合律、分配律之类的，把实数的运算规则直接套过来，大家已经用得非常熟练了，就不用说了。"

刘云飞边听边想：

"嗯，加减和乘法规则都好理解，就是普通的代数运算，遇到 i×i 就用−1 代替，其他地方就是普通的字母或数字。就是这个除法还怪复杂咧。"

一转念，又觉得其实就是想把运算结果也写成 $a+bi$ 的形式，比如 $\dfrac{3}{1-i}$，$\dfrac{2+i}{5-3i}$ 等，在作为运算结果时都需要化成标准形式 $a+bi$，以方便理解，方法就是在分子分母同乘分母的共轭，把分母上的 i 消去，化成实数，这也是共轭的一个妙用。

笛卡儿接着说道："全体复数并引进上述运算后称为复数域。"

卡丹想了一下，点了点头说："我好像明白了。复数可以看成是实数形式上的推广。不过，我以前听你说过，实数可以通过引进数轴，得到一个几何表示，复数是不是也可以有一个几何表示呢？"

笛卡儿有些为难地说："能够达到直观目的的一定是现实世界存在着的东西，虚数本身是不存在的，要用实际存在的东西来表示，好像有点难。不过，我们也可以'异想天开'一下，就把平面直角坐标系中的 y 轴当成是虚轴，就是原来是 y 的地方改为表示 iy，这样，原来的点(x,y) 就可以表示复数 $z=x+iy$ 了，不知道这样做大家能不能接受？"

众人一起陷入了沉思。首先，世上本不存在的概念用一个实体来代表，相当于给虚数赋予了意义，虽然有点文艺，但好像也没有什么不妥，就比如人们演个鬼演个神啥的。其次，这也相当于用复数表示了平面上的点，说不定某些平面问题可以用复数的方法来解决呢！

卡丹惊讶地说："你等等你等等，你的意思是平常的二维直角坐标系也可以用来表示复数？"

笛卡儿得意地笑了："这有啥稀奇的。不过严格来说是用复数表示平面。同一个物理实体，可以有许多种表示方法，比如你有小名、大名、外号，几百年后人们还会有一个身份证号、校园卡号、QQ号、微信号、抖音号等，都是同一个物理对象的不同表示方法。平面上的点可以用直角坐标(x,y)表示，可以用极坐标表示，也可以用复数表示。不同的表示方法应用于不同的场景时，将会带来不同的方便性。"

卡丹崇拜地望着笛卡儿说："你真行！连未来几百年的事都知道。"

笛卡儿故作神秘地笑了笑，接着说："引进复平面后，我们在'数'与'点'之间就建立了——对应关系，为了方便起见，今后我们就不用再区分'数'和'点'及'数集'和'点集'了，把它们看成同一个事物，只是在不同的场合呈现不同的表现形式。"

笛卡儿停了一下，脸色凝重地说："必须特别指出的是，在复数域中，复数是不能比较大小的。"

卡丹疑惑地看着笛卡儿说："这个我不太理解，为啥不能给复数规定个大小先后咧？"

笛卡儿说："对实数来说，它们可以——对应到数轴上，数轴就是一根直线，可以规定从左到右所对应的实数是由小到大，这样全体实数就可以按照它们在数轴上的顺序比大小了。而复数不行，复数对应到平面上，对应的点可以排序，比如可以采用所谓的字典序，先比较实部大小，小的排在前面，实部一样大时再比较虚部，小的在前，大的在后。但这仅代表顺序，不代表大小。"

卡丹一皱眉，说道："为什么不能把这种点的序也像实数那样规定为复数的大小呢？不是一样的吗？"

笛卡儿耐心地解释："把点的序对应到数的大小，本来是没问题的，但我们想在复数域里应用实数域的运算规则，不想再为复数运算建立新规则——一般来说，规则越少越简单越好，社会生活领域也一样，规则多了不仅不会提高效率，反而会引起管理难度的提高和社会秩序的混乱——这样的话，如果复数也规定大小，那按实数域的运算规则就会出问题，比如0和i，如果规定i>0，那么，按实数域的运算规则，两个大于零的数相乘，其积也必然要大于零，也就是i·i>0，即-1>0，矛盾；若规定i<0，同样按照实数域乘法规则，负负得正，i·i>0，又得到-1>0，矛盾。"

卡丹点了点头，若有所思地说道："在平面直角坐标系中，都有点到原点的距离之类的概念，那从复数的角度看，复平面上的点是不是也有到原点的距离这样的说法呢？"

笛卡儿赞许地说："当然，这些概念都可以移植到复平面，不过换了个名字。画个图给你看。

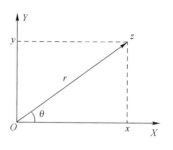

由右图可以知道，复数 $z = x + iy$ 与从原点到点 z 所引的向量 $\overrightarrow{Oz}$ 也构成一一对应关系（复数 O 对应于零向量）。从而，我们能够借助于点 z 的极坐标 r 和 θ 来确定点 $z = x + iy$，向量 $\overrightarrow{Oz}$ 的长度称为复数 z 的模，记为

$$r = |z| = \sqrt{x^2 + y^2} \geqslant 0$$

显然，对于任意复数 $z = x + iy$ 均有

$$|x| \leqslant |z|, \quad |y| \leqslant |z|, \quad |z| \leqslant |x| + |y|$$

另外，根据向量的运算及几何知识，我们可以得到两个重要的不等式

$$|z_1 + z_2| \leqslant |z_1| + |z_2|, \quad ||z_1| - |z_2|| \leqslant |z_1 - z_2|$$

这可以理解为三角形不等式，即三角形两边之和大于或等于第三边，以及三角形两边之差小于或等于第三边，如下图所示。

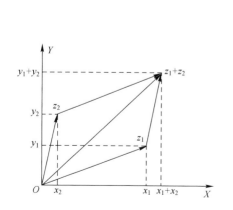

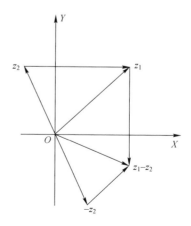

上面两式中，等号成立当且仅当复数 z_1、z_2 分别与 z_1+z_2 及 z_1-z_2 所表示的三个向量共线且同向。

一旦将复数与平面上的点建立了对应，那就打开了一扇通向光明的大门。

向量 $\overrightarrow{Oz}$ 与实轴正向间的夹角 θ 满足 $\tan\theta=\dfrac{y}{x}$，称为复数 z 的辐角，记为 $\theta=\mathrm{Arg}z$。由于任一非零复数 z 均有无穷多个辐角（彼此之间相差 2π 的整数倍），若以 $\arg z$ 表示其中的一个特定值，并称满足条件

$$-\pi<\arg z\leqslant\pi$$

的一个值为 $\mathrm{Arg}z$ 的主角或 z 的主辐角，则有

$$\theta=\mathrm{Arg}z=\arg z+2k\pi \quad (k=0,\pm1,\pm2,\cdots)$$

当 $z=0$ 时，其模为零，辐角也就无意义了。

根据直角坐标与极坐标的关系，还可以用复数的模与辐角来表示非零复数 z，即有

$$z=r(\cos\theta+\mathrm{i}\sin\theta)$$

……"

"等下等下！"

循着喊声望去，一个精干英俊的男人矗立在不远处。

欲知此人是谁，又是来干什么的，且看下回。

第三回
欧拉公式曝天机　指数三角本一体

阅读提示：本回给出了欧拉公式，并将其应用于复数的乘除等运算，剖析了实数域和复数域中的无穷概念。欧拉公式是本门课程最重要的公式之一，也是本门课程的精髓之所在。

是欧拉！刘云飞不免有点小激动，欧拉是刘云飞最崇拜的大数学家。看来梦是个好东西，在梦中，什么样的人间奇迹都有可能发生，居然有机会能亲耳聆听欧拉大师的指教了！

只见欧拉不慌不忙地说道：

"你这个式子 $z = r(\cos\theta + i\sin\theta)$ 中的 $\cos\theta + i\sin\theta$，我觉得很有趣。因为它有求导不变性，就是它的导函数形式与原函数一样。你们看，把这个式子关于 θ 求导数，可得 $(\cos\theta + i\sin\theta)' = -\sin\theta + i\cos\theta = i(\cos\theta + i\sin\theta)$，也就是说，它的导函数与原来的函数之间只相差一个常数 i，这多么像那个实数函数 $f(x) = e^{ax}$，它关于 x 的导函数 $f'(x) = ae^{ax}$。这样，我们就可以从形式上引入 $e^{i\theta}$ 来表示复数 $\cos\theta + i\sin\theta$，那我们岂不是就有了一个公式：

$$e^{i\theta} = \cos\theta + i\sin\theta$$

简单代换一下，还有

$$e^{-i\theta} = \cos\theta - i\sin\theta$$

这样就可以很容易地得到

$$\cos\theta = \frac{e^{i\theta}+e^{-i\theta}}{2}, \quad \sin\theta = \frac{e^{i\theta}-e^{-i\theta}}{2i}$$

更奇妙的是，将上式中的 θ 用 π 代，就得到

$$e^{i\pi}+1=0$$

复数域里五个最典型的数字：0，1，i，e，π 就这样在一个式子里和谐共存啦！"

"轰！"

人群一下子炸开了锅。

"太神奇了！"

"真了不起！"

你道为何？原来懂的人都已经明白，这个公式简直太完美了！

它贯通了实数和虚数，统一了指数函数和三角函数，将最著名的两个有理数 0 和 1 与两个无理数 e 和 π 以及虚数单位 i 和谐地统一在一个表达式中……

网络上有不少夸赞该公式的溢美之词，这里就不多介绍了。

众人忙问："你是谁？你从哪里来？"

欧拉骄傲地昂起头："我是 18 世纪的数学家欧拉！"

众人佩服地说："那就把这个公式称为欧拉公式吧！"

欧拉倒是不怎么介意。因为用欧拉命名的东西太多了，欧拉图、欧拉常数、欧拉定理、欧拉方程、欧拉不等式……

笛卡儿的脑海里瞬间闪出一个念头："这个 $e^{i\theta}$ 很奇妙哎，当 θ 取遍 $[0,2\pi]$ 时，$e^{i\theta}$ 正好在单位圆上转一圈！换句话说，$e^{i\theta}$ 代表复平面上一个单位向量，并且它还是一个周期为 2π 的周期函数！"

众人一看激动坏了，你道为何？大家都知道在实数域中 1 的重要地位吧？这个 $e^{i\theta}$ 不就相当于复平面上的"1"吗！

笛卡儿越来越激动："借助欧拉公式，就可以得到复数的一个指数形式的表达式

$$z = r\mathrm{e}^{\mathrm{i}\theta}$$

这就更深刻地揭示了实数与复数之间的关系!"

这样我们就得到了复数的三种表示方式,它们利用了复数的不同特征,在不同的场合使用也有不同的方便性,因而都是必须熟练掌握的重要内容,比如在计算复数加减法时代数式 $z = x + \mathrm{i}y$ 最简单,但在乘除法时就是指数形式最简单了:由指数性质即可推得复数的乘除

$$z_1 z_2 = r_1 \mathrm{e}^{\mathrm{i}\theta_1} r_2 \mathrm{e}^{\mathrm{i}\theta_2} = r_1 r_2 \mathrm{e}^{\mathrm{i}(\theta_1 + \theta_2)}$$

$$\frac{z_1}{z_2} = \frac{r_1 \mathrm{e}^{\mathrm{i}\theta_1}}{r_2 \mathrm{e}^{\mathrm{i}\theta_2}} = \frac{r_1}{r_2} \mathrm{e}^{\mathrm{i}(\theta_1 - \theta_2)}$$

因此

$$|z_1 z_2| = |z_1||z_2|, \qquad \left|\frac{z_1}{z_2}\right| = \frac{|z_1|}{|z_2|}(z_2 \neq 0)$$

$$\mathrm{Arg}z_1 z_2 = \mathrm{Arg}z_1 + \mathrm{Arg}z_2$$

$$\mathrm{Arg}\left(\frac{z_1}{z_2}\right) = \mathrm{Arg}z_1 - \mathrm{Arg}z_2$$

此式说明:两个复数 z_1、z_2 的乘积(或商),其模等于这两个复数模的乘积(或商),其辐角等于这两个复数辐角的和(或差)。

当 $|z_2| = 1$ 时,可得

$$z_1 z_2 = r\mathrm{e}^{\mathrm{i}(\theta_1 + \theta_2)}$$

这就说明单位复数($|z_2| = 1$)乘任何数,几何上相当于将此数所对应的向量旋转一个角度,反过来也意味着平面向量的旋转可以通过复数相乘来表示。

特别地,当 $r_2 = 1$,$\theta_2 = \dfrac{\pi}{2}$ 时,$z_2 = \mathrm{e}^{\mathrm{i}\frac{\pi}{2}} = \mathrm{i}$,$z_1 z_2$ 就相当于将 z_1 逆时针旋转了 $90°$。

这就厉害了!一个复数,当把它看成是平面上的一个向量时,乘以 i 就相当于旋转 $90°$。

或者换句话说，当需要把一个平面向量旋转 90°时，可以在复平面内通过乘以 i 来实现。

受此启发，当需要旋转角度 θ 时，可以乘以 $\cos\theta+i\sin\theta$。

如果再想让这个向量在旋转的同时，长度伸长或者缩小一个比例因子 k，那就乘以 $k(\cos\theta+i\sin\theta)$！看看这是不是比线性代数中的旋转变换简单多了。

再如，把式中的 $\mathrm{Arg}z$ 换成某个特定值 $\arg z$，若 $\arg z$ 为主值，则公式两端允许相差 2π 的整数倍，即有

$$\mathrm{Arg}(z_1 z_2) = \arg z_1 + \arg z_2 + 2k\pi$$

$$\mathrm{Arg}\left(\frac{z_1}{z_2}\right) = \arg z_1 - \arg z_2 + 2k\pi$$

推广到有限个复数的情况，特别地，当 $z_1 = z_2 = \cdots = z_n$ 时，有

$$z^n = (re^{i\theta})^n = r^n e^{in\theta} = r^n(\cos n\theta + i\sin n\theta)$$

当 $r=1$ 时，就得到熟知的德摩弗公式：

$$(\cos\theta+i\sin\theta)^n = \cos n\theta + i\sin n\theta$$

这个公式可有用了，举个例子：将 $\cos 3\theta$ 及 $\sin 3\theta$ 用 $\cos\theta$ 与 $\sin\theta$ 表示。

解：因为
$$(\cos 3\theta + i\sin 3\theta) = (\cos\theta + i\sin\theta)^3$$
$$= \cos^3\theta + 3i\cos^2\theta\sin\theta - 3\cos\theta\sin^2\theta - i\sin^3\theta$$

所以
$$\cos 3\theta = \cos^3\theta - 3\cos\theta\sin^2\theta = 4\cos^3\theta - 3\cos\theta$$
$$\sin 3\theta = 3\cos^2\theta\sin\theta - \sin^3\theta = 3\sin\theta - 4\sin^3\theta。"$$

回想起自己辛苦背下来的三倍角公式，卡丹看着这赏心悦目的推导，不由赞叹："这复数真是个好东西！"转而一想，忙问道："复数恐怕不光是简化运算，可能对某些运算，也会增加复杂度吧？比如开方，怎样求 $z = a + ib$ 开方呢？"

"直接对这种形式的复数开方，还真没有什么招数，但是，用指数形式，复数的开方就特别简单。"笛卡儿坚定地说。

"对 $z = re^{i(\theta+2k\pi)}$，注意这里要写成一般表达式，不能只写 $z = re^{i\theta}$"，笛卡儿特别强调了这个表达式，继续说道："它的 n 次方根就可以写成

$$\sqrt[n]{z} = z^{\frac{1}{n}} = \sqrt[n]{r}\, e^{i(\theta + 2k\pi)/n}$$

上式右边的根号代表模的 n 次算术方根。在复数范围内，一个复数开 n 次方有 n 个结果……"

"等等等等！"看到自己的擂台被几个人搅和成他们的论坛，方成早就不满了，此时再也忍不下去了，忙激动地打断笛卡儿。笛卡儿只好说："好吧！好吧！关于这个开方运算，我们留到第十一回再说吧！现在就来听方成大师的吧！"

方成气急败坏地大喊："我在解方程的时候发现，方程 $x^2 = 1$ 有两个根，但 $x^3 = 1$ 只有一个根，而方程 $x^4 = 1$ 又有两个根，我就纳闷，怎么没有规律性，原来这个规律是在复数这里呀！实数范围内看没有规律，复数范围内看规律却很明显，看来规律这个东西，眼界很重要啊！"

刘云飞心中掠过一丝得意："n 次复系数多项式方程在复数域内有且只有 n 个根（重根按重数计算），代数基本定理早就肯定了的事情都不知道，还好意思当方程派的掌门人。"

笛卡儿也瞄了一眼大惊小怪的方成，漫不经心地说："其实，复数里也有特例，比如 ∞，我们不去定义其实部、虚部与辐角，只规定其模为 $+\infty$，有关 ∞ 参与的运算规定如下：设 a 是异于 ∞ 的一个复数，规定

$$a \pm \infty = \infty \pm a = \infty, \quad a/\infty = 0, \quad \infty/a = \infty$$

设 b 是异于 0 的一个复数，规定

$$b \cdot \infty = \infty \cdot b = \infty, \quad b/0 = \infty$$

关于 $\infty \pm \infty$，$0 \cdot \infty$，∞/∞ 及 $0/0$，我们就不定义了，具体情况具体处理。

这里要特别注意的是，复数里的记号 ∞ 与实数里的 ∞ 有着本质的不同。在高等数学中，当一个变量无限增大或者无限减少时，为了表达这个变量的变化趋势，我们说它趋于 $+\infty$ 或 $-\infty$，这里 $+\infty$ 或 $-\infty$ 均不表示一个数，它们只是表示变量的一种变化状态，而在复数里，这个 ∞ 就被看成是一个可以达到的状态，算一个数。"

"那为什么？不都是 ∞ 吗？"卡丹惊异地问。

刘云飞急忙抢着说："我理解，复数本身就是一个虚无的东西，∞ 自然更虚了，虚上加虚，索性就不考虑了，就把它当成一个虚数算了。"

笛卡儿笑了笑说："你这就是胡说八道了。不过是什么我也不太清楚，反正现在很多的复变函数教材都把它当成一种约定，大家信了也就是了。如果大家还有疑惑，就问问黎曼⊖吧！"

未知黎曼怎样解释，欲知后事，请看下回。

⊖ 黎曼（Riemann，1826—1866），德国著名数学家，他在数学分析和微分几何方面做出过重要贡献，他开创了黎曼几何，并且给后来爱因斯坦的广义相对论提供了数学基础。

第四回
复数域无穷可达　　黎曼球搞乱曲直

阅读提示：本回叙述了黎曼球面的概念，将实数域中的点集理论移植到复数域，给出了复数域上各种集合的概念。与实数集合理论相比，除了具体的表达式有区别外，概念的意义基本相同，对不同的地方会有较为详尽的解释。

黎曼听到有人点他的名，忙说："我猜，大约是这样的，对实数来说，因为它代表的是客观世界，无穷自然是可以'趋近'但不可以'达到'的。而复数，很多场合源自人的想象，或者是某种变换，那无穷就有可能达到了。比如在本书最后的拉氏变换理论中，实数域里的某些函数在 0 处的值就会被联系到某个复函数在无穷处的值。这话可能不太好懂，不过等你们将来用到了，自然就理解了。"

卡丹心中暗想：这人真不愧是语言大师，什么都没说明白，反而让人连提问的理由都没有。想想也算了，反正他说的也不一定没道理吧！咱普通人，承认复数中的无穷可以实现就行了。

黎曼其实也看出了大家对他的这个解释不太满意，但一时却也说不出更好的解释，只好说："为使无穷远点有更加令人信服的直观解释，我们来定义一个特殊的球面吧！如下图所示。

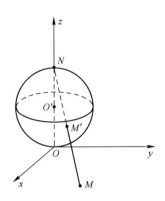

　　这个球面与笛卡儿的复平面在 O 点相切，形象地看，相当于在复平面的中心 O 处踩上一脚，像包包子一样将复平面做成包子皮，想象包子在 N 处（称为北极）收口，你可以发现，对复平面上的任意一点 M，连接 MN 交球面于 M'，这个 M 与 M' 是一一对应的，这也意味着，这个球面挖去点 N 后与复平面之间能够建立一一对应关系。从数学的角度看，能够建立起一一对应关系的两个集合可以认为是相同的，就是说，这个去了点 N 的球面也可以作为不含无穷大的复数的一个表示，后来有人将这个球面称为黎曼球面。将加了无穷远点的复平面称为扩展复平面，则扩展复平面与黎曼球面之间便建立了一一对应关系。至此，关于复数的几何解释又可以这样来说：复数域的几何模型是复平面或挖掉点 N 的黎曼球面，复数域添加无穷大后所成集合的几何模型是扩展复平面或黎曼球面。"

　　卡丹小心地说："我觉得实数点集理论也能移植到复数领域。"

　　笛卡儿赞许地点点头："是的，完全可以。在复平面上，可以定义邻域的概念：满足不等式 $|z-z_0|<\rho$ 的所有点 z 组成的平面点集（以下简称点集）称为点 z_0 的 ρ-邻域，记为 $N_\rho(z_0)$。

　　可以定义内点：设 D 为平面上的一个点集，z_0 是平面上一点，若存在 z_0 的某个邻域 $N_\rho(z_0) \subset D$，则称 z_0 为 D 的内点。

　　也就是说，所谓内点就是'内部的点'，这个点及其周围的点都是该点集的点。

　　若 z_0 的任意邻域内都有 D 的一个异于 z_0 的点，则称 z_0 为 D 的聚点，也就是凝聚点。"

　　说到这里，笛卡儿不由得童心大起，调皮地说道："这句话也可以说成'若z_0的任意邻域内都有D的无穷多个异于z_0的点，则称z_0为D的聚点'，呵呵。"说罢吐了吐舌头。

　　这可把众人吓坏了。刘云飞急忙说道："老笛你没事吧？是不是在来的路上受了风寒？这一个和无穷个能一样吗？"

　　笛卡儿忍不住又笑了："在这里，有一个和有无穷多个其实是一回事。假设在某邻域内有一个z_1异于z_0，那我们就可以在这个邻域之内，再找一个邻域，它包含z_0但不包含z_1，在这个邻域内也有一个异于z_0的点，记为z_2，在这个邻域之内，再找一个邻域，它包含z_0但不包含z_1、z_2，在这个邻域内也有一个异于z_0的点，记为z_3，把这个过程重复下去，直到无穷多，是不是就得到无穷了？"

　　众人一想也是。不过这有一个就有无穷多个的说法倒有些像人们做的某些事，一旦做了一次，就免不了会做无穷多次，就比如吸烟。

　　刘云飞疑惑地问道："你这个道理我明白了，但按你那个邻域的取法，这邻域是不是越来越小？取的点是不是离z_0越来越近？"

　　笛卡儿说道："是的。邻域越来越小，但永远不会小到只包含z_0一个点，取的点离z_0越来越近，也就是点列$\{z_1, z_2, z_3, \cdots\}$以$z_0$为极限，这也就是说，如果$z_0$是$D$的聚点，那么$D$中就存在一个收敛于$z_0$的数列，反过来，如果在$D$内有一个数列收敛于$z_0$，则$z_0$就是$D$的聚点。

　　聚点可以是D中的点，也可以不是。比如令D_1为开区间$(0,1)$，D_2为闭区间$[0,1]$，D_3为$\{$区间$[0,1]$内的无理数$\}$，则对这三个集合来说，数1都是聚点。

　　若$\exists r>0$，使得$N_r(z_0) \cap D = \varnothing$（空集），则称$z_0$为$D$的外点。所谓外点，就是存在包含这个点的某个区域，整个不包含于集合D。外点就是外面的点，不但它不是集合D的点，而且它旁边也没有集合D的点。

　　如果某点是集合D的点，但存在一个邻域，使得这个邻域里除了这一点之外，其余点都不是D的点，则该点被称为孤立点。

界点：若z_0为区域D的聚点且z_0不是D的内点，则称z_0为D的界点，D的所有界点组成的点集称为D的边界，记为∂D。界点意味着它的旁边既有属于D的点也有不属于D的点，至于它自己是不是D的点倒无所谓。比如点0既是$(0,1)$的界点，也是$[0,1)$的界点。

闭集、开集：若E的每个聚点都属于E，则称E为闭集，若E的所有点均为内点，则称E为开集，比如$\{z\,|\,|z|\leqslant1\}$是闭集，$\{z\,|\,|z|<1\}$是开集。

有界集：若$\exists M>0$，$\forall z\in E$，均有$|z|\leqslant M$，则称E为有界集，否则称E为无界集。

从形式上看，这些定义与实数理论中的对应定义是完全一样的。不过呢，复数代表的毕竟是二维平面，所以，也会有一些新概念，比如：

区域：若非空点集D满足下列两个条件：

（1）D为开集；

（2）D中任意两点均可用全在D中的折线连接起来，

则称D为区域。

闭区域：区域D加上它的边界C称为闭区域，记为$\overline{D}=D+C$。

下面来看几个例子：

z平面上以点z_0为圆心，R为半径的圆周内部（即圆形区域）：$\{z\,|\,|z-z_0|<R\}$；

z平面上以点z_0为圆心，R为半径的圆周及其内部（即圆形闭区域）：$\{z\,|\,|z-z_0|\leqslant R\}$。

它们所表示的区域都以圆周$|z-z_0|=R$为边界，且均为有界区域。

上半平面$\{z\,|\,\mathrm{Im}z>0\}$，下半平面$\{z\,|\,\mathrm{Im}z<0\}$。

它们都以实轴$\mathrm{Im}z=0$为边界，且均为无界区域。

左半平面$\{z\,|\,\mathrm{Re}z<0\}$，右半平面$\{z\,|\,\mathrm{Re}z>0\}$。

它们都以虚轴$\mathrm{Re}z=0$为边界，且均为无界区域。

下左图所示的带形区域可表示为$\{z\,|\,y_1<\mathrm{Im}z<y_2\}$。其边界为$y=y_1$与$y=y_2$，亦为无界区域。

下右图所示的圆环区域可表示为$\{z\,|\,r<|z|<R\}$。其边界为$|z|=r$与$|z|=R$，圆环为有界区域。"

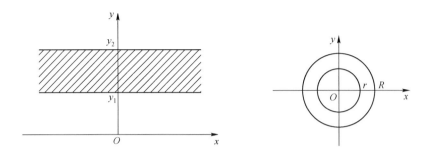

方成简直忍不了了。这个擂台本来自己是主角的，结果被这几个不知从哪里蹦出来的家伙抢了戏，是可忍孰不可忍！马上插话：

"方程！方程！复数域里面有没有方程呢？既然平面上的点可以用复数表示，那平面上的曲线是不是也可以用复数方程来表示呢？"

面对方成的愤怒，不知众人将如何回应。欲知后事，请看下回。

第五回
方程派初试牛刀　函数派铩羽而归

　　阅读提示：本回叙述了复平面上曲线与复数方程的理论，以及区域连通的定义，这在后面介绍复积分时将会反复用到。

　　笛卡儿貌似明白了方成的心思，开心地说："这个自然，这个自然。复数域里的方程和实数域里的方程形式上完全一样，不需要另外补充说明什么，至于用方程表示曲线，给你举几个例子。

　　连接 z_1 及 z_2 两点的线段的参数方程为 $z=z_1+t(z_2-z_1)(0 \leqslant t \leqslant 1)$；

　　过 z_1 及 z_2 两点的直线参数方程为 $z=z_1+t(z_2-z_1)(-\infty < t < +\infty)$；

　　z 平面上以原点为圆心，R 为半径的圆周的方程为 $|z|=R$；

　　z 平面上以 z_0 为圆心，R 为半径的圆周的方程为 $|z-z_0|=R$；

　　z 平面上实轴的方程为 $\mathrm{Im}z=0$，虚轴的方程为 $\mathrm{Re}z=0$。"

　　卡丹舒了一口气说："看来复数也没有什么新东西，还是很容易理解的嘛！"

　　这时候若尔当[⊖]坐不住了，他不以为然地笑了笑："你先别得意，我来给你看一个难的。

　　⊖　若尔当（Jordan，1838—1922），法国数学家。1855 年入巴黎综合工科学校，1861 年获得博士学位。任工程师直至 1885 年。从 1873 年起，同时在巴黎综合工科学校和法兰西学院执教，1881 年被选为法国科学院院士。若尔当的主要工作是在分析和群论方面。

设 $x(t)$ 及 $y(t)$ 是两个关于实数 t 在闭区间 $[\alpha,\beta]$ 上的连续实数，则由方程

$$z=z(t)=x(t)+\mathrm{i}y(t)\,(\alpha \leqslant t \leqslant \beta)$$

所确定的点集 C 称为 z 平面上的一条连续曲线，该方程称为 C 的参数方程，$z(\alpha)$ 及 $z(\beta)$ 分别称为 C 的起点和终点，对任意满足 $\alpha<t_1<\beta$ 及 $\alpha<t_2<\beta$ 的 t_1 与 t_2，若 $t_1 \neq t_2$ 时有 $z(t_1)=z(t_2)$，则点 $z(t_1)$ 称为 C 的重点；无重点的连续曲线称为简单曲线（若尔当曲线）；$z(\alpha)=z(\beta)$ 的简单曲线称为简单闭曲线。若在 $\alpha \leqslant t \leqslant \beta$ 上，$x'(t)$ 及 $y'(t)$ 存在且不全为零，则称 C 为光滑（闭）曲线。

由有限条光滑曲线连接而成的连续曲线称为逐段光滑曲线。

我就提出过一个被称为若尔当定理的结论：任一简单闭曲线 C 将 z 平面唯一地分为 C、$I(C)$、$E(C)$ 三个点集（见下图），它们具有如下性质：

（1）彼此不交；

（2）$I(C)$ 与 $E(C)$ 一个为有界区域（称为 C 的内部），另一个为无界区域（称为 C 的外部）；

（3）若简单折线 P 的一个端点属于 $I(C)$，另一个端点属于 $E(C)$，则 P 与 C 必有交点。"

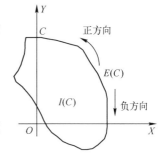

卡丹看看图又看看定理，不服气地说："这不是明摆着的事实吗，怎么还给你署上名了？"

笛卡儿笑笑说："你给证明一下？数学家不相信眼睛，只相信推理。某些看上去很明显的事实也必须有严格的证明才能得到认可，而偏偏那些看起来很显然的结论往往是最难证明的。"

若尔当接过话来，继续说道："对于简单闭曲线的方向……"

"等等等等"，笛卡儿打断若尔当的话，不解地问道："曲线就是曲线，定义个方向干什么？"

若尔当面露不悦之色："主要是将来在物理、工程、计算机图形学等领域应用时需要……"

笛卡儿忙不迭插嘴："计算机图形学？那是什么？"

若尔当略显尴尬："这个……，我也说不清楚，反正是应用需要确定曲线的方向。复平面上曲线的方向通常是这样来规定的：当观察者沿 C 正向绕行一

周时，C 的内部始终在 C 的左方，即'逆时针'方向。下面给出一个具体的定义。

　　定义　设 D 为复平面上的区域，若 D 内任意一条简单闭曲线的内部全含于 D，则称 D 为单连通区域，不是单连通的区域称为多连通区域。"

　　韩素的心理感受跟方成是一样的，他看方成为方程派在复数域争得一席之地，就想着自己也要给函数派挣点家业，忙对着笛卡儿请求："笛老，这复数域里是不是也可以有函数的概念呀？"

　　笛卡儿还没说话呢，只听方成抢白道："复数都是一个想象的概念，要复函数干什么？你们函数派还打算在想象中改造世界么？"

　　韩素讨了个没趣，羞愧极了，也不听别人讲啥了，一转身悻悻地离去。

　　这一切被刘云飞看了个清清楚楚。他当然知道，此后的三百年，函数论的发展一点不比方程理论逊色。他眼珠一转，计上心来，转身追着韩素走了出去。

　　未知刘云飞想要干什么。欲知后事，且看下回。

第六回
刘云飞江湖小胜　函数派再露锋芒

阅读提示：本回通过与实函数的对比给出了复函数的定义及意义。复函数形式上与实函数类似，但内涵有较大不同。

眼见快要走到函数派师徒的住所，刘云飞快走几步，就在大门外拦住了韩素。

"大师留步！我有话说！"刘云飞朝着韩素一鞠躬一拱手，高声说道。

韩素停下脚步，望着这个穿着奇怪衣服的家伙，诧异地问道："你是谁？从哪里来？找我有什么事？"

刘云飞知道自己说不清楚。本来嘛！那时没有穿越这回事，一般人根本理解不了，所以也没有必要解释什么，干脆直奔主题：

"我能让函数派在复数范围内发扬光大！"

韩素瞄了一眼这个不知天高地厚的陌生人，一句话也不说，径直走了。

"取复数 z 的模就能形成一个复变函数，并且是很有用的函数！"刘云飞大喊一声。

韩素一怔，不由得停下脚步："就是，谁说复变函数没有意义？用复数表示向量，模就是向量长度！我怎么就没想到这一层呢？"

忙转过身，笑嘻嘻地做了个"请"的姿势，说道："请贵客客厅叙话。"

二人来到函数派会客厅，刘云飞通报了自己的姓名，至于来历，也不好多说什么。韩素心胸本就敞亮，虽然有点疑惑，也不多说什么。反正英雄不问出处，管它是骡子是马，能拉车耕地驮粮食就行。二人客套了几句后，刘云飞直奔主题："不论复数是否真实存在，从理论研究的角度讲，既然可以定义复数，定义复变函数自然也有其合理性。其实，如果大家都熟悉高等数学中的函数的话，那么，先不管 z 的实际意义，我们是可以按照高等数学课程的方式从形式上给复变函数一个定义：

定义　设 E 为一复数集，若存在一个对应法则 f，使得 E 内每一复数 z 均有唯一（或两个以上）确定的复数 w 与之对应，则称在 E 上确定了一个单值（或多值）函数 $w=f(z)(z \in E)$，E 称为函数 $w=f(z)$ 的定义域，w 值的全体组成的集合称为函数 $w=f(z)$ 的值域。"

韩素一看，这真没啥，形式上看，不是跟实函数的定义一样嘛！就是从一个数集到另一个数集的映射。他轻轻地点了点头，半调侃半认真地说："先从形式上推广，然后再讨论推广后涉及的其他问题，这是不是也是一种数学思维方法。"

刘云飞狡黠地说道："我老师说是的。我先给你看几个函数的例子。例如刚才说过的取模函数 $w=|z|$，取共轭函数 $w=\bar{z}$ 及分式函数 $w=\dfrac{z+1}{z-1}(z \neq 1)$ 均为单值函数，开方函数 $w=\sqrt[n]{z}$ 及取辐角函数 $w=\mathrm{Arg}z(z \neq 0)$，均为多值函数。以后若无特别说明，所提到的函数均为单值函数。对多值函数，需要的时候限定其值域范围，也能当成单值函数看待。

设 $w=f(z)$ 是定义在点集 E 上的函数，若令 $z=x+\mathrm{i}y$，$w=u+\mathrm{i}v$，则 u、v 均随着 x、y 而确定，即 u、v 均为 x、y 的二元实函数，因此我们也可以把 $w=f(z)$ 写成

$$f(z)=u(x,y)+\mathrm{i}v(x,y)$$

若将 z 写为指数形式，$z=r\mathrm{e}^{\mathrm{i}\theta}$，$r=\sqrt{x^2+y^2}$，$\theta=\arctan\dfrac{y}{x}$，则 $w=f(z)$ 又可表为

$$w=P(r,\theta)+\mathrm{i}Q(r,\theta)$$

其中 $P(r,\theta)$、$Q(r,\theta)$ 均为 r、θ 的二元实函数。

两式说明，复变函数可以理解为复平面 z 上的点集和复平面 w 上的点集之间的一个对应关系（映射或变换），由于在复平面上不再区分"点"（点集）和"数"（数集），所以呢，也不再区分函数、映射和变换。"

"老师等一下。"刘云飞的话音刚落，韩素就迫不及待地插话："前面您定义的复变函数自变量都是 z，但在这里，您又通过用 $z=x+\mathrm{i}y$ 和 $z=re^{\mathrm{i}\theta}$ 把自变量变成了实数 x、y 或者 r、θ，那这个复函数是不是也变成两个实函数呢？"

这个问题把刘云飞问住了。是呀！这一会儿 z 一会儿 x、y，这函数关系咋就这么乱呢？

稍一沉吟，刘云飞马上反应过来了："函数嘛，可以理解为自变量和因变量之间的对应关系，自变量又可以理解为主动变量，因变量因自变量的变化而变化，在对函数的研究中，我们总是先假定自变量有某种特定的变化方式，然后看因变量的变化情况。从复变函数的定义角度，此时的自变量是复数 z，但 z 又可以看成是实数 x、y 的函数，所以，复变函数又可以看成是两个实变量的函数。在具体应用时，需要考虑谁是自变量谁是因变量。"

韩素刚想开口说话，韩素的师弟韩弓假装客气地说："老师，前面说复数是虚构的，那这复函数是不是也是虚构的？我们能给复函数找到一个背景吗？"

书中暗表，这韩弓对函数派和方程派之间的恩恩怨怨早就不满了，觉得函数和方程之间没有那么大的鸿沟，但身为函数派人，也不敢公开说什么，只是时不时说出个小难题，恶心一下别人。

刘云飞不知道这其中的过节，但觉得自己也回答不了韩弓的问题，就很认真地说："这个问题我也说不清楚，还是请欧拉大神回答你吧！"

欧拉应声说道："其实天底下原本没有函数。不管是实函数还是复函数，都是人类发明出来描述自然现象的数学元素，只不过实函数与现实世界的对应比较直接，复函数复杂了一点点而已。举个例子来说，在很多实际情况下，电磁波的激发源往往以大致确定的频率做正弦振荡，因而辐射出的电磁波也以相同的频率做正弦振荡，比如无线电广播或通信的载波，激光器辐射出的光束等，都接近于正弦波，这种以一定频率做正弦振荡的波就叫作时谐电磁波。时谐波的一种比较理想的数学表示就是 $A(z,t)=A_0\cos(\omega t-kz+\psi_0)$，其中的 z 就是复数。"

这回连刘云飞都糊涂了。只听韩弓问道："这是个什么东西，怎么这么复杂呀？"

欧拉微微一笑说道："如果你有电磁理论的基本知识，这个式子就显得非常简单了。不过数学就是这样，学的时候很难体会它的好，到用的时候，就只剩遗憾了。"

这句话说到了刘云飞的心坎里，一时间百感交集。想到自己还有个梦游学习的机会，不由得感到一点小幸福。

韩素一看复变函数的定义建立起来了，而且物理世界中还真的存在着能用复数描述的现象，那就说明复变函数是很有用的，但他不知道，把一个现象或事实表示成复变函数后又能干什么，对现实世界能起什么作用呢？刘云飞仿佛看出了韩素的心事，就自作聪明地说："当把一个自然现象写成复变函数后，就可以通过研究复变函数来研究自然现象了。不过复变函数该有哪些研究内容呢？我觉得可以把实数函数中的微积分理论移植过来。"

韩素一听傻眼了："微积分理论？那是啥呀？"

尽管刘云飞在学高等数学时也是学渣一枚，但仗着比韩素年轻了几百岁，觉得忽悠这老头还是没有问题的。

未知刘云飞将如何在复数域内引入微积分理论。欲知后事，请看下回。

第七回
复极限曲径通幽　论连续虚实同理

阅读提示：本回在与高等数学相关内容比较的基础上建立了复函数极限与连续的有关理论，为随后的复函数微积分奠定基础。

刘云飞得意地说："微积分就是研究函数的求导和积分运算的一种理论，可有用了。不过呢，要建立复函数的微积分学，咱们得先从复变函数的极限和连续性开始。高等数学学得不好的同学可以先去复习一下再来继续。

定义 1　设 $w=f(z)$ 于点集 E 上有定义，z_0 为 E 的聚点，若存在一复数 w_0，使得 $\forall\varepsilon>0$，$\exists\delta>0$，当 $0<|z-z_0|<\delta$ 时有 $|f(z)-w_0|<\varepsilon(z\in E)$，则称 $f(z)$ 沿 E 于 z_0 有极限 w_0，记为

$$\lim_{\substack{z\to z_0 \\ (z\in E)}} f(z)=w_0$$

这个定义读起来很拗口。但我们回忆起高等数学中关于极限的定义，对比着看就很好理解了。

为什么要 z_0 是 E 的聚点呢？因为 z_0 是聚点，意味着 z_0 的任意邻域内都有 E 内异于 z_0 的点，这就保证了极限过程的合理性，即可以在 E 内找到趋于 z_0 的点列，至于这个定义的几何意义，大家可以仿照实函数的定义去理解。

需要说明的是，从几何直观上看，复函数的极限过程与实函数的极限过程有明显差别。实函数定义在实数轴上，趋向于固定点的方式也只有在实数轴上向左或向右，而复函数就不一样，复函数的定义域是一个平面，趋向于固定点的方式就是四面八方了，也就是说，实函数的极限过程只有两个方向，而复函数的极限过程却有无穷多个方向，从这个意义上来看，相当于高数中的二元函数的极限，另外，还要注意，$\lim\limits_{\substack{z\to z_0\\(z\in E)}}f(z)$ 与 $z\to z_0$ 的路径无关。即不管 z 在 E 上从哪个方向、以哪个方式趋于 z_0，只要 z 落入 z_0 的去心 δ-邻域内，则相应的 $f(z)$ 就落入 w_0 的 ε-邻域内。如果沿着不同的路径，极限值不一样，则认为函数在这一点的极限不存在。

今后为了简便起见，在不致引起混淆的地方，$\lim\limits_{\substack{z\to z_0\\(z\in E)}}f(z)$ 均写成 $\lim\limits_{z\to z_0}f(z)$。

类似于高等数学中的极限性质，容易验证复变函数的极限具有以下性质：

（1）若极限存在，则极限值是唯一的。

（2）若 $\lim\limits_{z\to z_0}f(z)$ 与 $\lim\limits_{z\to z_0}g(z)$ 都存在，则有

$$\lim\limits_{z\to z_0}[f(z)\pm g(z)]=\lim\limits_{z\to z_0}f(z)\pm\lim\limits_{z\to z_0}g(z)$$

$$\lim\limits_{z\to z_0}f(z)g(z)=\lim\limits_{z\to z_0}f(z)\lim\limits_{z\to z_0}g(z)$$

$$\lim\limits_{z\to z_0}\frac{f(z)}{g(z)}=\frac{\lim\limits_{z\to z_0}f(z)}{\lim\limits_{z\to z_0}g(z)}\quad(\lim\limits_{z\to z_0}g(z)\neq0)"$$

这时韩弓突然插话："哎，刘老师，您等一下。您刚才定义了复变函数，复变函数的定义域是复数，然后您把定义域和值域都是实数的函数称为'高等数学中的函数'，我纳闷您为啥不把它称为'实变函数'呢？这样的对应不是更直接吗？"

像这种没有含金量的问题是刘云飞的最爱。他马上答道："是这样。在数学学科中，'实变函数'被用作了专有名词，与之相关联的还有'数学分析'这个词。微积分、高等数学、数学分析、实变函数、复变函数、泛函分析这几个词的关系笼统地说是这样的：

17 世纪，牛顿[⊖]和莱布尼茨[⊖]发明了对函数的新运算，就是求导和求积分，它们可以在已知路程的时候求速度或已知速度求路程，也可以在已知曲线的时候求切线、求面积、求长度，还能用来求函数的最大、最小值，简直太有用了，所以好多数学家都想着要把这两种运算弄成一门学问，到 18 世纪末 19 世纪初，相关理论和方法基本成熟了，形成了相对完整的体系，慢慢就变为一门大学课程，有人称为'微积分'或者'微积分学'，也有人在微积分的基础上再加一点其他内容，比如级数、微分方程等，打造出理工科大学生的一门基础课，称为'高等数学'，用来给专业课程提供分析方法和计算工具。

但是你懂的。数学家们并不满足于一个简单的'微积分学'，他们广泛深入地研究了许多相关的基础理论问题，比如实数是什么，有什么结构，等等，并建立起许多分支，形成了一个以微积分为核心的数学体系，也就是'数学分析'，这个现在被作为数学专业的大学生的最重要的基础课。

也还是在那个时候，数学家逐渐发现数学分析中还有一些带有更基础性的问题需要解决。比如，什么是函数？这个问题看上去非常简单，但数学家们却难以形成一致的见解。又比如，对于函数的连续性，大家的理解也不那么清晰。例如，19 世纪初，人们都感觉连续函数除个别点外总是可微的。后来，德

⊖　牛顿（Newton，1643—1727），英国皇家学会会长，英国著名的物理学家、数学家，百科全书式的"全才"。他描述了万有引力和三大运动定律，奠定了此后三个世纪里物理世界的科学观点，并成为现代工程学的基础。他阐明了动量和角动量守恒的原理，提出牛顿运动定律。他发明了反射望远镜，并基于对三棱镜将白光发散成可见光谱的观察，发展出了颜色理论。他还系统地表述了冷却定律，并研究了声速。牛顿还与莱布尼茨分享了发展出微积分学的荣誉，证明了广义二项式定理，提出了"牛顿法"以趋近函数的零点，并为幂级数的研究做出了贡献。

⊖　莱布尼茨（Leibniz，1646—1716），德国哲学家、数学家，是历史上少见的通才，被誉为 17 世纪的"亚里士多德"。莱布尼茨在数学史和哲学史上都占有重要地位。在数学上，他和牛顿先后独立发现了微积分，而且莱布尼茨所发明的符号被普遍认为更综合，适用范围更加广泛。莱布尼茨还发现并完善了二进制。在哲学上，莱布尼茨的乐观主义最著名；他认为，"我们的宇宙，在某种意义上是上帝所创造的最好的一个"。他和笛卡儿、巴鲁赫·斯宾诺莎被认为是 17 世纪三位最伟大的理性主义哲学家。

国数学家魏尔斯特拉斯[⊖]构造了一个由级数定义的函数，这个函数是连续的，但在任何点上都没有导数。这些违反直觉的问题的发现促使数学家对函数进行了更加深入的研究，得到了一些一般人比较难以理解的结论，比如不连续函数的可积性条件，可导的充分必要条件等，最终形成了一门新的学问，现在在大学数学专业作为一门名为'实变函数'的课程。进一步，有些现象本身被建模成函数，比如一段声音就用一个时间的函数来表示，那么对声音的各种处理和变换就需要产生'函数的函数'这样的概念，分析这样的函数就导致一个数学学科的产生，即'泛函分析'……"

看到刘云飞唾液飞溅、滔滔不绝，韩素受不了了，该不会想把整个数学体系都数落一遍吧！赶紧打断："刘老师，我看到复变函数是由它的实部和虚部所决定的，我有一个感觉，就是它们的极限之间也会存在一定的关系，您觉得呢？"

刘云飞肯定地说："那当然。其实也不光是这里，今后我们对复数的研究基本上都是从实数那里获得灵感，甚至是将复数的问题直接转化为实数问题。对于复变函数的极限与其实部和虚部的极限的关系问题，直观上大家也能看得出，不过我们这里还是写成下述定理的形式，以表达对这个数学专业习惯的尊重：

定理 1　设函数 $f(z)=u(x,y)+iv(x,y)$ 于点集 E 上有定义，$z_0=x_0+iy_0$ 为 E 的聚点，则 $\lim\limits_{z\to z_0}f(z)=\eta=a+ib$ 的充要条件 $\lim\limits_{\substack{x\to x_0\\y\to y_0}}u(x,y)=a$ 及 $\lim\limits_{\substack{x\to x_0\\y\to y_0}}v(x,y)=b$。

证明： 因为 $f(z)-\eta=[u(x,y)-a]+i[v(x,y)-b]$

⊖　魏尔斯特拉斯（Weierstrass，1815—1897），德国数学家，被誉为"现代分析之父"。魏尔斯特拉斯在数学分析领域中的最大贡献是在柯西、阿贝尔等开创的数学分析的严格化潮流中，以 ε-δ 语言，系统建立了实分析和复分析的基础，基本上完成了分析的算术化。他引进了一致收敛的概念，并由此阐明了函数项级数的逐项微分和逐项积分定理。希尔伯特对他的评价是："魏尔斯特拉斯以其酷爱批判的精神和深邃的洞察力，为数学分析建立了坚实的基础。通过澄清极小、极大、函数、导数等概念，他排除了在微积分中仍在出现的各种错误提法，扫清了关于无穷大、无穷小等各种混乱观念，决定性地克服了源于无穷大、无穷小朦胧思想的困难。今天，分析学能达到这样和谐可靠和完美的程度本质上应归功于魏尔斯特拉斯的科学活动"。

根据复数模的性质可得

$$\begin{cases} |u(x,y)-a| \leqslant |f(z)-\eta| \\ |v(x,y)-b| \leqslant |f(z)-\eta| \end{cases}$$

及

$$|f(z)-\eta| \leqslant |u(x,y)-a| + |v(x,y)-b|$$

根据这一组不等式，用极限的 $\varepsilon-\delta$ 定义就能很容易地证明定理结论为真。这里就不再重复了。

这就是说，对复函数求极限，等价于按实部和虚部分别取极限。因为对实函数的极限问题，该会的我们都已经学会了，所以这个定理就基本上相当于彻底解决了复函数的求极限问题。这也是数学上著名的'转化'思想的应用。当把一个新问题转化为一个已经解决了的老问题的时候，认为这个新问题也已经解决了。

有了极限的概念，就可以定义连续了。

定义 2　设 $w=f(z)$ 于点集 E 上有定义，z_0 为 E 的聚点，且 $z_0 \in E$，若 $\lim f(z)=f(z_0)$，则称 $f(z)$ 沿 E 于 z_0 连续。

根据该定义，$f(z)$ 沿 E 于 z_0 连续就意味着：$\forall \varepsilon>0$，$\exists \delta>0$，当 $|z-z_0|<\delta$ 时，有 $|f(z)-f(z_0)|<\varepsilon$。

与高等数学中的连续函数性质相似，复变函数的连续性有如下性质：

（1）若 $f(z)$、$g(z)$ 沿集 E 于点 z_0 连续，则其和、差、积、商（在商的情形，要求分母在 z_0 点不为零）沿点集 E 于 z_0 连续。

（2）若函数 $\eta=f(z_0)$ 沿集 E 于 z_0 连续，且 $f(E) \subseteq G$，函数 $w=g(\eta)$ 沿集 G 于 $\eta_0=f(z_0)$ 连续，则复合函数 $w=g(f(z_0))$ 沿集 E 于 z_0 连续。

其次，我们再次应用'转化'的思想，通过下述定理把复函数的连续问题转化为实函数的连续问题：

定理 2　设函数 $f(z)=u(x,y)+iv(x,y)$ 于点集 E 上有定义，$z_0 \in E$，则 $f(z)$ 在点 $z_0=x_0+iy_0$ 连续的充要条件为：$u(x,y)$、$v(x,y)$ 沿 E 于点 (x_0,y_0) 均连续。

这个定理的证明，只要将前一个定理证明中的 a 换成 $u(x_0,y_0)$，b 换成 $v(x_0,y_0)$ 即可。这样也就算是彻底解决了复变函数的连续性问题。

当然，转化的方式不止一个。复数 z 可以通过写成 $x+iy$ 转化为实数，也可以通过写成指数形式 $z=re^{i\theta}$ 或者三角形式 $z=r(\cos\theta+i\sin\theta)$ 转化为实数。

举个例子：设 $f(z)=\dfrac{1}{2i}\left(\dfrac{z}{\bar z}-\dfrac{\bar z}{z}\right)(z\neq0)$，证明 $f(z)$ 在 $z=0$ 处无极限，从而不连续。

这个函数中含有除法运算，直观上看采用三角形式或指数形式比较方便。

证明：设 $z=r(\cos\theta+i\sin\theta)$，则

$$f(z)=\frac{1}{2i}\frac{z^2-\bar z^2}{z\bar z}=\frac{1}{2i}\frac{(z+\bar z)(z-\bar z)}{r^2}=\sin2\theta$$

因此
$$\lim_{z\to0}f(z)=\begin{cases}0,\text{当}z\text{沿着}\theta=0,r\to0\text{时}\\1,\text{当}z\text{沿着}\theta=\frac{\pi}{4},r\to0\text{时}\end{cases}$$

故 $\lim\limits_{z\to0}f(z)$ 不存在，从而 $f(z)$ 在原点不连续。

此处，你可能会有疑惑：怎么这个 $f(z)=\sin2\theta$ 不连续了？$\sin2\theta$ 作为 θ 的函数关于 θ 当然是连续的，但现在它是作为 z 的函数出现，关于 z 自然就不连续了，原因是上面的证明，当 z 沿不同的方式趋于零时，$f(z)$ 的极限不一样。

由一点处的连续性推广到点集上的连续性，这是从高等数学那里得来的灵感，写成下面的定义：

定义 3　若函数 $f(z)$ 在点集 E 上每一点都连续，则称 $f(z)$ 在 E 上连续，或称 $f(z)$ 为 E 上的连续函数。

其次，若 E 为闭区域 $\bar D$，则 $\bar D$ 上每一点均为聚点，考虑其边界上的点 z_0 的连续性时，$z\to z_0$ 只能沿 $\bar D$ 的点 z 来取。

高等数学里学过，有界闭集上的连续函数有界、有最大最小值且一致连续，复变函数中有形式上完全同样的结论，即在有界闭集 E 上连续的复变函数具有以下性质：

（1）在 E 上 $f(z)$ 有界，即 $\exists M>0$，使得 $|f(z)|\leq M(z\in E)$；

（2）$|f(z)|$ 在 E 上有最大值和最小值；

（3）$f(z)$ 在 E 上一致连续，即 $\forall\varepsilon>0$、$\exists\delta>0$ 使对 E 上任意两点 z_1、z_2，只要 $|z_1-z_2|<\delta$ 就有 $|f(z_1)-f(z_2)|<\varepsilon$。"

韩素紧紧盯着刘云飞，忽然哈哈大笑，笑得刘云飞心里发毛："韩大师，您这是？"

韩素收敛了笑容，严肃而又略带奚落地说："这不过是把高等数学里的结论搬了过来，没有啥新东西。要是仅凭您这点玩意就想光大我函数派的话，会不会太草率了些？"

刘云飞松了口气，说道："韩大师您放心吧，咱们前面已经说过了，说复变函数的极限与连续只是给复变函数微积分做铺垫的，真正有用的好东西还没有拿出来呢！"

韩素缓和了一下语气，说："真的吗？那我们就来看看您真正的好东西吧！"

未知刘云飞又有什么新花样，欲知后事，且看下回。

第八回
牛顿求导莱微分　道不相同意相通

阅读提示：本回回顾了高等数学中微积分的基本思想，为建立复变函数的微积分理论奠定思想和方法基础。

刘云飞转念一想，微积分这么博大精深的东西，就自己这点水平，哪里能说得清楚，只好微微一笑，说道："这样吧，我让牛顿来跟您说吧！"

一道亮光闪过，众人急忙闭眼。眼睛再睁开时，面前多了一个人。刘云飞介绍："这就是牛顿。"韩素急忙伸出手去，嘴上说道："您就是那个被苹果砸了头发现万有引力定律的牛顿呀？久仰久仰！"牛顿白了一眼韩素，不去理会他伸过来的手，抢白道："你也到苹果树下睡一晚，看看能不能发现万有引力定律。"转过头对着刘云飞问："您叫我来何事？"刘云飞轻描淡写地说："想听听您发明微积分的故事。"这一下说到了牛顿的得意之处，急忙应道："哦，是这样的，我是一个物理学家，特别对运动感兴趣。有一天，我乘长途汽车，看见公路边上有一个一个的里程碑，记录着这条公路从起点处到当前位置的长度。我无意间看到自己的手表，好奇心来了，就记住了汽车经过一个里程碑的时间，然后到后面的里程碑时看一下数字和时间，用路程差除以时间差，就得到了这段时间内汽车的平均速度。"

话音刚落，韩弓扑哧一声笑了。牛顿怒道："你笑什么？"韩弓说："这有什么了不起？坐过长途汽车的人谁没有干过？”牛顿气哼哼地说："只做到这一步那是你这种人，成不了我牛顿。我当时灵光一现，想到，这是计算一段时间或路程上的平均速度，如果要求一点处的瞬时速度呢？那就可以在这一点处取时间的一个小增量（时间段），看看在这个时间段内汽车走过多少路程，把这两者一除，就得到了这个小时间段内的平均速度，当这个小时间段的长度趋于零时，就得到了这一点处汽车的瞬时速度。把这个方法给一般化、规范化，就得到了导数的定义：

设函数 $f(x)$ 在 x_0 处有定义，如果极限

$$\lim_{\Delta x \to 0} \frac{f(x_0+\Delta x)-f(x_0)}{\Delta x} = \lim_{x \to x_0} \frac{f(x)-f(x_0)}{x-x_0} = A$$

存在，这里 A 是一个与 Δx 无关，但可能与 f 和 x_0 有关的数，则称函数 $f(x)$ 在 x_0 处可导，且导数为 $f'(x_0)=A$。这个过程被浓缩为：增量、比值、极限。如果一个函数在某个区间内处处可导，则得到一个新的函数，它称为 $f(x)$ 的导函数，记为 $f'(x)$，而 $f(x)$ 称为 $f'(x)$ 的一个原函数，可以很容易地看出来，如果 $f(x)$ 是 $f'(x)$ 的一个原函数，则 $f(x)+C$ 也是，这里 C 是任意常数，这样就把 $f'(x)$ 的全体原函数 $f(x)+C$ 称为 $f'(x)$ 的不定积分。我后来就用这一套方法，将开普勒关于星体运行的三个定律用数学公式表达出来了，由此证明了万有引力的存在，推出了具体表达式，形成了万有引力定律，并没有苹果什么事。”

说罢斜着眼看了一眼韩素。韩素挺不好意思地尴尬一笑，心想都是这些写书的人胡编乱造，害人不浅。猛然反应过来，说道："您这导数原函数不定积分啥的，没有'微'呀？怎么会被称为'微积分'呢？"

牛顿的脸一下子红到了耳朵根。刚想开口说话，背后传来了一个冷冷的声音：

"那个'微'是说我的。"

众人顺着声音一看，原来是莱布尼茨到了。

莱布尼茨朝众人点点头，说道："虽然我是一个哲学家，但我更是一个数学家，习惯于从数学角度看待和思考问题。我们都知道，在函数里面，线性函

数 $y=kx$ 是最简单的函数，那我就想，对一般的函数，虽然不能直接把它转化为线性函数，但可不可以用线性函数去近似呢？大范围内肯定不行，但只要范围足够小，在一个小区域里，对不少函数来说，它的主要部分还是可以写成线性函数的，于是，我就给出了下面的定义：

设函数 $y=f(x)$ 在 x_0 处及其附近有定义，取自变量增量 Δx，当 x 从 x_0 变到 $x_0+\Delta x$ 时，y 的增量 $\Delta y=f(x_0+\Delta x)-f(x_0)$，如果成立

$$\Delta y=A\Delta x+o(\Delta x)$$

其中 A 是不依赖于 Δx 但可能依赖于 f 和 x_0 的常数，而 $o(\Delta x)$ 是比 Δx 高阶的无穷小，那么称函数 $f(x)$ 在点 x_0 处是可微的，且 $A\Delta x$ 称作函数在点 x_0 处相应于自变量增量 Δx 的微分，记作 dy，即 $dy=A\Delta x$。

所以，你们可以看到，所谓微分，作动词用的意思就是"微小地细分"，就是你们所说的"微积分"中的"微"。当然细分的目的就是在局部使用线性函数近似原来的函数。动词"微分"的结果 dy 也称为"微分"，不过此时它被当成名词了。

进一步把自变量 x 的增量 Δx 称为自变量的微分，记作 dx，即 $dx=\Delta x$。于是函数 $y=f(x)$ 在点 x_0 处的微分又可记作 $dy=Adx$。如果函数 $f(x)$ 在区域 D 上每一点都可微，则各点处的'A'又构成了一个新的函数，称为 $f(x)$ 的'微商'。"

"等一下等一下。"刘云飞忍不住大叫："老莱啊，看看你的微分定义和老牛的导数定义，其实这两个式子是完全等价的啊！"

其实刘云飞早在学习高等数学的时候就知道，对一元函数来说，可导和可微、导数和微商就是一回事，他在这里哇哇大叫，目的是引起韩素等人的关注。

此时韩素也看明白了，在莱布尼茨的微分式中两边除以 Δx 再取极限，就得到牛顿的导数定义式；在牛顿的定义式中，利用极限与无穷小的关系，也容易得到莱布尼茨的定义式，他马上喊道："这两个式子都可以导出一个导函数 $\dfrac{dy}{dx}$。"

此时，牛顿心有不甘，马上抢着说："在我看来，符号 $\dfrac{\mathrm{d}y}{\mathrm{d}x}$ 表示的是对 y 做求导运算 $\dfrac{\mathrm{d}}{\mathrm{d}x}$……"

没等牛顿说完，莱布尼茨也抢着说道："符号 $\dfrac{\mathrm{d}y}{\mathrm{d}x}$ 表示的是两个微元 $\mathrm{d}y$ 和 $\mathrm{d}x$ 的比值……"

刘云飞故意夸张地说："老莱，老牛，你们两个虽然专业背景不同，出发点不同，方法不同，却得到了同一个东西，你的微商就是他的导数，你的导数也是他的微商，这也算是殊途同归了，你二位可以同时青史留名啊！"

听到这话，牛、莱两人互相望了对方一眼，均是尴尬万分。

莱布尼茨首先开口："对多元函数来说，可导和可微就不是一回事了。以二元函数为例，令 $u=f(x,y)$，把其中一个自变量看成常数求函数的关于另一个变量的导数，得到偏导数 $\dfrac{\partial u}{\partial x},\dfrac{\partial u}{\partial y}$，但这不能说明函数 $u=f(x,y)$ 可微，函数可微的意思是 $\mathrm{d}u=A\mathrm{d}x+B\mathrm{d}y$ 成立，这里 B 与 A 是仅与函数形式和点有关的常数。"

牛顿不屑地哼了一声说："多元函数可微的时候，偏导数就一定存在，并且你那个系数 A，B 还就是偏导数了。"

"好啦好啦，"刘云飞笑着说，"你们俩就不要再争了，你们都是人类文明的大功臣，呵呵呵。"

原来二人为微积分的发明权争执了半辈子。看到刘云飞满脸堆笑，莱布尼茨不由叹了口气："唉，死后方知万事空。争来争去，一抔黄土，十里寒蝉。"牛顿也满怀歉意地说："老莱呀，你先死了十年，你死后我也想明白了，不过一个虚名，你的我的又有什么关系呢！倒是那些徒子徒孙们，还在那里没完没了地啰唆，有这功夫，不如干点正事。"二人相视一笑，冰释前嫌，相互挽着手，潇洒离去。

一旁羞煞了韩素。方程派和函数派这么多年恩恩怨怨，又有个什么意思呢！想着等会一定去找方大师，跟人家道个歉，二人也能像牛、莱那样，给后人留下一段佳话。这韩素后来果然去找了方成，自此江湖不再有方程派函数派，这是后话，按下不表。

刘云飞看到牛顿、莱布尼茨和好，内心也是一阵窃喜，看着二人离去，对着韩素说："怎么样？就把导数的概念推广到复数吧！"

韩素说道："都听你的，你说吧！"

刘云飞于是说道："先定义函数在一点处的可导性。

定义 设 $w=f(z)$ 是在区域 D 内确定的单值函数，并且 $z_0 \in D$。如果极限

$$\lim_{z \to z_0, z \in D} \frac{f(z) - f(z_0)}{z - z_0}$$

存在且为复数 a，则称 $f(z)$ 在 z_0 处可导或可微，极限 a 称为 $f(z)$ 在 z_0 处的导数，记作 $f'(z_0)$，或 $\left. \dfrac{\mathrm{d}w}{\mathrm{d}z} \right|_{z=z_0}$。

看到没有？如果限定是一个点，那么，复变函数的可导、可微与高等数学中的函数是一样的，可导也是可微，可微也是可导。"

韩素目瞪口呆，瞬间石化："你！你这是忽悠人呀！你费了半天劲，惊动了牛顿、莱布尼茨，最后告诉我复变函数的微分就是实函数的微分，这是人干的事儿吗？！"

刘云飞坏坏地一笑："从定义上看，函数的微分就是这个形式，当自变量为实数时是实函数的微分，当自变量为复数时是复变函数的微分。"

韩素恼怒地说道："好的好的明白了。我还有点事要处理，您慢走，我就不送了。"

看到韩素下了逐客令，刘云飞也不明白这人怎么这么快就翻脸了。但大事未成，自己还得忍着点。于是他整理了一下心情，故作轻松地嘻嘻一笑，无赖地说："别呀！虽说在一点处，复函数实函数导数的定义和形式完全一样，但在一个区域内处处可导的函数，就不一样了，在复变函数中，这类函数特别重要，有一个专有的名字——解析函数。"

韩弓大喊："没有听牛顿和莱布尼茨说过解析呀！这个解析函数是个什么鬼？"

欲知后事，请看下回。

第九回
可导未必能解析　柯黎条件立规矩

阅读提示：本回重点剖析了解析的概念。解析是本课程最重要的概念，本书的主要内容通常也被称为解析函数论。解析的定义与可导密切相关，但又不是可导，解析条件由柯西-黎曼条件确定。

韩素恨恨地看着这个不成器的师弟，别提有多么别扭了。自从师父仙逝，自己接了掌门之位后，他总是阴阳怪气的，不放弃任何一个跟自己作对的机会。韩素认为，从微分定义看，这复函数的微积分与实函数的微积分不会有太大的差别，难度也不会太大，自己弄弄，说不定能出点成果，既光大本门，也能名垂青史，所以本想赶走刘云飞，师弟这么一喊，自己倒不知道怎么开口了。

刘云飞借坡下驴，哈哈一笑，说道："书上是这样定义解析的：

定义　如果 $f(z)$ 在 z_0 及 z_0 的某个邻域内处处可导，则称 $f(z)$ 在 z_0 处解析；如果 $f(z)$ 在区域 D 内处处解析，则称 $f(z)$ 在 D 内解析，也称 $f(z)$ 是 D 的解析函数。解析函数的导（函）数一般记为 $f'(z)$ 或 $\dfrac{\mathrm{d}f(z)}{\mathrm{d}z}$。如果函数 $f(z)$ 在 z_0 不解析，则称 z_0 为 $f(z)$ 的奇点。"

韩弓不去理会韩素，像说相声捧哏似的，迎合着说："哦，解析就是在一个范围内处处可导呗！"

　　刘云飞点了点头，接着说道："我看书上都是这么写的。这个解析呀，的确是高等数学中没有的概念。我先按书解说一下解析与可导的关系，然后再试着解释一下它的意义。

　　可导这个概念大家都已经很熟悉了，对给定的函数，在指定点处，通过取增量、算比值、求极限三步，如果这个极限存在，则称这个函数在这一点处可导。这与高等数学毫无差别。如果一个函数在某个区域内处处可导，则称这个函数在这个区域内可导，这也没啥差别，差别只是高等数学中这个区域往往是区间，而在复变函数里，这个区域就是一个平面区域了。

　　接下来，什么叫解析呢？就是函数在某一点及其一个邻域内处处可导，则称之为函数在这一点处解析，函数在区域内处处解析称为区域内解析。

　　可见，可导是函数在一点处的性质，而解析是函数的一个整体性质，解析一定可导，可导未必解析，解析相当于处处可导。"

　　"那有没有可导但不解析的函数呢？"韩弓追着问。

　　"当然有了。看下面的例子：

　　函数 $w = f(z) = z\mathrm{Re}z$ 在 $z = 0$ 点可导但在 $z = 0$ 点不解析，即在 $z = 0$ 的邻域内其他点不可导。

　　为了证明 $z\mathrm{Re}z$ 的可导性，利用可导的定义，考虑极限 $\lim\limits_{z \to 0} \dfrac{f(z) - f(0)}{z - 0}$：

$$\lim_{z \to 0} \frac{z\mathrm{Re}z - 0\mathrm{Re}0}{z - 0} = \lim_{z \to 0} \frac{z\mathrm{Re}z}{z} = \lim_{z \to 0} \mathrm{Re}z$$

上式极限存在且为 0，故 $z\mathrm{Re}z$ 在 $z = 0$ 点可导，且导数为 0。

　　可以用定义来检验这个函数的解析性，但那就太复杂了，后面我们将推导出一个函数解析的充分必要条件来，使用那个条件就很容易验证，它不是解析的。"

　　"那为什么不把解析函数就叫容易理解的'处处可导函数'，而要新造出来一个难为人的'解析函数'呢？"韩弓继续问道。

　　刘云飞自作聪明地说："我觉得，这大概源于人们对分析方法的执着吧！'解析'这个词翻译自英语 Analytic，意思是剖析、深入分析、拆解分析，粗俗地说就是'拆开了分析'。日常生活中，当我们需要研究一个复杂对象的时候，一个自然而然的方法是将这个复杂对象分解为我们熟悉的、简单对象的简单组合。比如当你品尝一道从未吃过的美食时，总是会通过看、闻、尝来判断它的主材是什么，辅材是什么，怎样加工的。把这种方法移植到数学领域，面对复杂的函数时，我们总想把它分解为最简单函数的最简单运算结果，就像在高等数学里学过的那样：数学上，最简单的函数是幂函数，最简单的运算是线性组合，这自然就引出来将一般函数展开成幂级数的问题；而在物理上，正弦函数是最简单的函数，所以我们还学习过傅里叶级数，即将复杂函数展开成正弦函数的和。你看看复变函数教材的目录就知道了，复变函数里我们将把解析函数展开成另一种形式的幂级数。这样，那些能分解成幂级数的函数与另外的函数相比，自然就会有更好的性质，值得拿出来单独研究，它们就是可解析的，也就是可以拆开来分析的，简称解析函数。"

众人都觉得这解释太牵强附会了，一个个带着不服鄙夷地看着刘云飞，刘云飞看出了大家的不信任，玩世不恭地说："我自然是望文生义的，你们要不信，就去问问柯西○好了。"

柯西应声而出："唉，就一个名字而已，有必要那么较真吗？你的名字叫刘云飞，还真的能在云中飞不成？不过呢，最早是魏尔斯特拉斯把收敛幂级数的和函数称为解析函数，这是不错的。我觉得区域上处处可微的复函数有重要的性质，但取的名称是'单演函数'，后来人们又把它们称为全纯函数、解析函数等。反正你们记住，区域内处处可微的复函数就称为解析函数，没必要再纠结了，好不好呢！"

刘云飞虽然讨了个没趣，却也不觉得尴尬，嬉皮笑脸地说："那么，我们后面的讨论，就主要针对解析函数来讨论。

对解析函数，按照高等数学中类似的做法，我们可以容易地建立它们的运算法则。

○ 柯西（Cauchy，1789—1857），法国数学家、物理学家、天文学家。他是微积分基础理论奠基工作中贡献最大的数学家之一，在数学领域有很高的建树和造诣，很多数学定理和公式也都以他的名字来命名。

若 $f(z)$ 和 $g(z)$ 在区域 D 内解析，那么 $f(z) \pm g(z)$，$f(z)g(z)$，$f(z)/g(z)$（分母不为零）也在区域 D 内解析，并且有下面的导数的四则运算法则：

$$(f(z) \pm g(z))' = f'(z) \pm g'(z)$$

$$[f(z)g(z)]' = f'(z)g(z) + f(z)g'(z)$$

$$\left[\frac{f(z)}{g(z)}\right]' = \frac{f'(z)g(z) - f(z)g'(z)}{[g(z)]^2}$$

复合函数求导法则：设 $\zeta = f(z)$ 在 z 平面上的区域 D 内解析，$w = F(\zeta)$ 在 ζ 平面上的区域 D_1 内解析，而且当 $z \in D$ 时，$\zeta = f(z) \in D_1$，那么复合函数 $w = F(f(z))$ 在 D 内解析，并且有

$$\frac{\mathrm{d}F(f(z))}{\mathrm{d}z} = \frac{\mathrm{d}F(\zeta)}{\mathrm{d}\zeta}\frac{\mathrm{d}f(z)}{\mathrm{d}z}$$

与高等数学相比，这些规则的证明没有任何新意，这里就省略了，后面我们直接使用。例如：

（1）如果 $f(z) \equiv a$（复常数），那么 $\dfrac{\mathrm{d}f(z)}{\mathrm{d}z} = 0$；

（2）$\dfrac{\mathrm{d}z}{\mathrm{d}z} = 1$，$\dfrac{\mathrm{d}z^n}{\mathrm{d}z} = nz^{n-1}$；

（3）z 的任何多项式

$$P(z) = a_0 + a_1 z + \cdots + a_n z^n$$

在整个复平面解析，并且有

$$P'(z) = a_1 + 2a_2 z + \cdots + na_n z^{n-1}$$

（4）在复平面上，任何有理函数，除去使分母为零的点外是解析的，它的导数的求法与 z 是实变量时相同，可以直接套用实函数求导公式。

除了这些简单的函数外，复函数的求导问题就比较复杂了，比如，形式上极其简单的函数如 $f(z) = \mathrm{Re}(z)$，$f(z) = \mathrm{Im}(z)$，$f(z) = \bar{z}$，$f(z) = |z|$ 等都不是处处可导的，更谈不上解析了，我们随便拿出来一个证明一下，其他函数证明的方法是一样的。就以 $f(z) = \mathrm{Re}(z)$ 为例吧！

按定义，在任意点 z_0 处，

$$\lim_{\Delta z \to 0} \frac{f(z_0 + \Delta z) - f(z_0)}{\Delta z} = \lim_{\Delta z \to 0} \frac{\text{Re}(z_0 + \Delta z) - \text{Re}(z_0)}{\Delta z}$$

$$= \lim_{\Delta z \to 0} \frac{\text{Re}(\Delta z)}{\Delta z}$$

很显然，这个极限是不存在的，因为当增量 Δz 沿平行于实轴的方式趋于 0 时，极限值是 1，而沿平行于虚轴的方向趋于 0 时，极限值是 0。

这是因为，复函数的极限像极了二元函数的极限，取增量的方式、方向有无限种可能，而只有这无限种可能下的极限完全一样时，函数才是可导的。"

韩弓表示理解地说道："我现在明白了。复变函数的可导不可导，就是这个函数指着自变量 z 说的，而与所含有的 x，y 没有直接关系。直接看上去关于 x，y 可导的函数，很可能关于 z 就不可导，就像刚才那个 $f(z) = \text{Re}(z) = x$ 一样，看上去关于 x 可导，但关于 z 就不可导。"

韩素的思路不知不觉被刘云飞带了过来，此时突然带着挑衅的口气问："通常的导数都有什么物理意义或者几何意义，那复变函数的导数的几何意义和物理意义又是什么呢？"

此时，刘云飞有点不耐烦了。他带着不满的口气说："复变函数导数的几何或者物理意义，取决于给复变函数赋予什么样的几何或物理意义。用复变函数处理物理或几何方法大多是一种间接方法，因而其导数的几何意义或物理意义并不明显，也不需要它明显。当然，某些情况下，意义还是有的，这要结合具体的应用去看，你耐着性子读完本书，自然就知道了。"

韩弓看见刘云飞有点不太高兴，忙过来打圆场："刘老师不要理他。您刚才不是说，有判断复函数可微性的简便方法吗？何不讲来听听？"

刘云飞对着韩弓，和颜悦色地说："你看，对复变函数来说，要用定义判断可导性就非常困难。为了找到一个简便方法，我们把复数问题转化为我们熟悉的实数问题，尝试把一个复函数写成 $f(z) = u(x, y) + iv(x, y)$　$z = x + iy$ 的形式。假设这个函数关于 z 可导，且在 z 处有导数值 $\alpha = a + ib$，根据导数的定义，当 $z + \Delta z \in D (\Delta z \neq 0)$ 时，

$$f(z + \Delta z) - f(z) = \alpha \Delta z + o(|\Delta z|) = (a + ib)(\Delta x + i\Delta y) + o(|\Delta z|)$$

其中，$\Delta z = \Delta x + i\Delta y$。比较上式的实部与虚部，得

$$u(x+\Delta x, y+\Delta y) - u(x,y) = a\Delta x - b\Delta y + o(|\Delta z|)$$

$$v(x+\Delta x, y+\Delta y) - v(x,y) = b\Delta x + a\Delta y + o(|\Delta z|)$$

因此，由实变二元函数的可微性定义知，$u(x,y)$，$v(x,y)$ 在点 (x,y) 可微，并且有

$$\frac{\partial u}{\partial x} = a, \quad \frac{\partial u}{\partial y} = -b, \quad \frac{\partial v}{\partial x} = b, \quad \frac{\partial v}{\partial y} = a$$

考虑到 a，b 的特殊性，消去它们即得

$$\frac{\partial u}{\partial x} = \frac{\partial v}{\partial y}, \quad \frac{\partial u}{\partial y} = -\frac{\partial v}{\partial x}\text{,,}$$

韩素一看，这不是一个方程吗？刻画一个函数的性质，居然用到了方程，看来消去方程派函数派的门户之见是非常英明的。转而一想，似有所得，急忙问道："您的推导表明，复变函数 $f(z) = u(x,y) + iv(x,y)$，$z = x+iy$ 关于 z 可导，则 $u(x,y)$，$v(x,y)$ 可微且 $\frac{\partial u}{\partial x} = \frac{\partial v}{\partial y}$，$\frac{\partial u}{\partial y} = -\frac{\partial v}{\partial x}$，如果反过来也成立就好了。"

刘云飞肯定地说："这个自然。设 $u(x,y)$，$v(x,y)$ 在点 (x,y) 可微，并且有

$$\frac{\partial u}{\partial x} = \frac{\partial v}{\partial y}, \quad \frac{\partial u}{\partial y} = -\frac{\partial v}{\partial x}$$

设 $\frac{\partial u}{\partial x} = a$，$\frac{\partial v}{\partial x} = b$，则由可微性的定义，有

$$u(x+\Delta x, y+\Delta y) - u(x,y) = a\Delta x - b\Delta y + o(|\Delta z|)$$

$$v(x+\Delta x, y+\Delta y) - v(x,y) = b\Delta x + a\Delta y + o(|\Delta z|)$$

令 $\Delta z = \Delta x + i\Delta y$，当 $z+\Delta z \in D$（$\Delta z \neq 0$）时，有

$$f(z+\Delta z) - f(z) = \alpha\Delta z + o(|\Delta z|) = (a+ib)(\Delta x + i\Delta y) + o(|\Delta z|)$$

令 $\alpha = a + ib$，则有

$$\lim_{\Delta z \to 0} \frac{f(z+\Delta z) - f(z)}{\Delta z} = \lim_{\Delta z \to 0}\left(\alpha + \frac{o(|\Delta z|)}{\Delta z}\right) = \alpha$$

所以，$f(x,y)$ 在点 $z = x+iy \in D$ 可微。"

韩素佩服极了，开心地说："用这个条件去检验复变函数的可导性，真的是太方便了，比如对函数 $f(z)=z\mathrm{Re}z=(x+\mathrm{i}y)x=x^2+\mathrm{i}xy$，由于 $\dfrac{\partial P}{\partial x}=2x,\dfrac{\partial Q}{\partial y}=x$，所以很容易看出，除 $x=0$ 外，函数处处不可微，还有那个更简单的函数 $f(z)=\mathrm{Re}z=x$，$\dfrac{\partial P}{\partial x}=1,\dfrac{\partial Q}{\partial y}=0$，容易看出，函数处处不可微。以后我们就不再需要对每一种函数都去按定义讨论可导性了，而且可以讨论一般抽象函数的可导性。这个方法太好了，太了不起了！何不把它写成定理的形式呢？"

刘云飞微微一笑，说道："这有何难。"立即便写下了下面的定理：

定理　设函数 $f(x,y)=u(x,y)+\mathrm{i}v(x,y)$ 在区域 D 内确定，那么 $f(x,y)$ 在点 $z=x+\mathrm{i}y\in D$ 可微的充要条件是：

（1）实部 $u(x,y)$ 和虚部 $v(x,y)$ 在 (x,y) 处可微；

（2）$u(x,y)$ 和 $v(x,y)$ 满足方程

$$\frac{\partial u}{\partial x}=\frac{\partial v}{\partial y},\quad \frac{\partial u}{\partial y}=-\frac{\partial v}{\partial x}$$

刘云飞补充道："这个定理说明，虽然说随便取一对 $u(x,y)$，$v(x,y)$，我们都可以构造一个复变函数 $f(x,y)=u(x,y)+\mathrm{i}v(x,y)$，比如 $f(x,y)=3xy+\mathrm{i}4x^2$，你用它干什么都可以，但在你打算对它求关于 z 的导数时，需要检验一下它是否满足定理条件，对这个函数，它显然不满足，因而不解析，这样的话，关于微积分的所有结论、方法你就都不能用了。这很可惜，因为 300 多年来，数学界最大的福利就是微积分，所以，当你要用复变函数来解决问题时，你必须选择满足这两个方程的 $u(x,y)$，$v(x,y)$ 来构造辅助的复变函数，这就是解析函数在复变函数中具有特别重要的意义的原因。

一旦你选择了这样的函数，导数形式就特别简单了：

$$f'(z)=\frac{\partial u}{\partial x}+\mathrm{i}\frac{\partial v}{\partial x}=\frac{\partial v}{\partial y}+\mathrm{i}\frac{\partial v}{\partial x}=\frac{\partial u}{\partial x}-\mathrm{i}\frac{\partial u}{\partial y}=\frac{\partial v}{\partial y}-\mathrm{i}\frac{\partial u}{\partial y}$$

举例来说：

$$f(z)=z^2=x^2-y^2+2\mathrm{i}xy$$

$$f'(z) = 2x+2iy = 2z"$$

韩弓若有所思地说道："复函数既可以看成是 z 的函数，也可以看成是 x，y 的函数，我们说复函数 $f(z)$ 的导数，实际上是关于 z 的导数，你这个定理就把关于 z 的导数问题巧妙地转化为了人们熟悉的关于 x，y 的偏导问题，真是太奇妙了。"

说到这里，韩弓满脸崇拜，恭维地说："刘老师，您的这个成果足以流传千古，何不给它取个名字？叫它'刘定理'可好？"

没等刘云飞开腔，周围立即响起了热烈的欢呼声。人们为这一重大发现感到兴奋，刘云飞被围在中间，幸福地享受着这众星捧月般的感觉。

人群中突然闪出一个大汉，冷冷地大声说道："脸是个好东西，可惜你们没有。"

众人立即安静了下来。刘云飞被弄得云里雾里，不知道发生了什么事，一看是达朗贝尔，忙说："别激动别激动，怎么回事慢慢说。"

达朗贝尔平复了一下心情，说道："当年我在研究水力学时，发现在平面不可压缩流体的无旋场中，某些情况下，在某点朝任意方向移动一小步，对应产生的旋转程度和发散程度都是一致的。若定义势函数 $u(x,y)$ 与流函数 $v(x,y)$，则就意味着这两个函数都存在连续的偏导数，并且满足微分方程组 $\dfrac{\partial u}{\partial x} = \dfrac{\partial v}{\partial y}$，

$\dfrac{\partial u}{\partial y} = -\dfrac{\partial v}{\partial x}$，这启发我构造一个复函数 $f(z) = u(x,y)+iv(x,y)$ 表示这个二维向量场，则上述条件的满足就可以简单地说成是 $f(z)$ 是可微函数，并且我还证明了，若 $f(z)$ 是可微函数，则上述条件也满足。我因此得到了关于平面不可压缩流体无旋场的一个重要结论，并已经把它写在我的书中，什么时候轮到你刘云飞来命名？"

刘云飞一看这阵势，马上嬉皮笑脸地说："冒犯冒犯，我们把它命名为达朗贝尔定理好了。"

话音刚落，柯西不干了："虽然这个式子最初是由你达朗贝尔发现的，可一方面，我对它的研究更为深入；另一方面，我还用这个公式构造了一套函数

理论呢!"

黎曼也是看热闹不嫌事大："嘿嘿，我也用它形成了一套理论……"

刘云飞一看，数学界的事吵不清楚了。想着自己不过是个做梦的，梦醒了一切都是空，犯不着跟他们争，心里又看着达朗贝尔不爽，就说："达叔，你看，你是一个物理学家，这些公式又都是数学上的事，你看你能不能让一步，就把这个定理称为柯西-黎曼定理好了。"

达朗贝尔成果颇丰，也不在乎这一个，加上觉得争来的东西也不香，就哼了一声，算是默许。柯西、黎曼都觉得把整个定理都记在自己头上有点过了，就商量了一下，说只把那组方程$\dfrac{\partial u}{\partial x}=\dfrac{\partial v}{\partial y}$，$\dfrac{\partial u}{\partial y}=-\dfrac{\partial v}{\partial x}$称为柯西-黎曼方程或柯西-黎曼条件就行了，简称 C-R 方程或者 C-R 条件。大家也都觉得这样也不错，都没有异议。没想到这样反而突出了这组方程的地位，后来在多个学科得到普及和应用。

无论如何，这结果也算是皆大欢喜，众人鼓掌庆贺。刘云飞突然想到一件事，脸色一变，大声说道："诸位诸位，请听我说。"

欲知刘云飞想到什么事，说出什么话，请看下回。

第十回
解析自有高阶导　拉普拉斯初显能

　　阅读提示：本回基于解析性给出了调和函数的概念。调和函数出现在数学的方方面面，在物理学中也有重要应用。调和函数既是重要的研究对象，更是强大的数学工具。对调和函数更深入的研究形成了一个庞大的数学分支——调和分析。

　　刘云飞看到众人安静了下来，故作神秘地说道："各位，我们把高等数学中导数的概念引了进来，当 $f(z)$ 是 z 的显式函数，也就是表达式中只含 z 这个变量时，如果它可导，它的导数自然也可以按照高等数学中相同的方法来求解。对 $f(z)=u(x,y)+iv(x,y)$ 这种 z 的隐式函数的导数，当 $u(x,y)$，$v(x,y)$ 满足 C-R 条件时，它是解析的，可以通过求偏导数的方式求其导数，这都是对一阶导数来说的。我们知道，光有一阶导数是不够的。我们把 $w=f(z)$ 的导数 $f'(z)$ 叫作函数 $w=f(z)$ 的一阶导数，类似地，二阶导数为一阶导数的导数，三阶导数为二阶导数的导数，…，一般地，$n-1$ 阶导数的导数称为 $f(z)$ 的 n 阶导数，二阶及二阶以上的导数统称为高阶导数。现在问题来了：有一阶导数的复函数是不是都有二阶导数？那种表达成 z 的隐式函数的高阶导数又该怎么求呢？"

　　柯西内心里还在纠结那个 C-R 条件的命名权。他总觉得这个方程本来就是应该属于自己的，虽然事实上也是自己的了，但被达朗贝尔插了一杠子，弄得好像自己占了别人便宜似的，心里老大不爽。听到刘云飞提出两个问题，就没好气地说："我告诉你吧！第一，不是每一个可导函数都是二阶可导的，但解析函数一定是二阶可导并且是无穷阶可导的；第二，解析函数的高阶导数是可以有公式统一表示的，不过需要用到复积分。"

刘云飞的眼珠子都快要蹦出来了："啊？你说啥？解析函数的高阶导数有统一的表示？用积分表示导数？"

柯西白了一眼刘云飞，懒得理他了。

此时，拉普拉斯○看不过去了，就过来打圆场："小刘考虑高阶导数的想法是对的，复函数的高阶导数是大有用处的"，转过头来又讨好柯西："你的 C-R 条件虽然能在给了 $u(x,y)$，$v(x,y)$ 后，判定函数 $f(z)=u(x,y)+iv(x,y)$ 是否是解析函数，但没有能够说明如何选择 u 与 v 才能使函数 $u+iv$ 在区域 D 内解析，或者说，给了一个 u，是否存在一个 v 使函数 $u+iv$ 在区域 D 内解析？存在的话，有多少？怎样才能找到它们？我倒是有一点想法，你要不要听一听？"

柯西觉得自己今天出门没有选个好日子，怎么都碰到这种爱挑刺的人，就没好气地说："你说吧！"

于是，拉普拉斯说道："设 $f(z)=u+iv$ 在区域 D 内解析，则由 C-R 条件

$$\frac{\partial u}{\partial x}=\frac{\partial v}{\partial y},\quad \frac{\partial u}{\partial y}=-\frac{\partial v}{\partial x}$$

得

$$\frac{\partial^2 u}{\partial x^2}=\frac{\partial^2 v}{\partial x \partial y},\quad \frac{\partial^2 u}{\partial y^2}=-\frac{\partial^2 v}{\partial y \partial x}$$

因 $\dfrac{\partial^2 v}{\partial x \partial y}$ 及 $\dfrac{\partial^2 v}{\partial y \partial x}$ 在 D 内连续，根据高等数学中的知识，它们必定相等，所以

○ 拉普拉斯（Laplace，1749—1827），法国分析学家、概率论学家和物理学家，法国科学院院士。在数学上的贡献极大，创造和发展了许多数学方法，但也热衷于从政，当过六个星期的拿破仑的内政部长，后被选为法兰西学院院长。拉普拉斯曾任拿破仑的老师，所以和拿破仑结下不解之缘。

由以上两式知，在 D 内有

$$\frac{\partial^2 u}{\partial x^2} + \frac{\partial^2 u}{\partial y^2} = 0$$

同理，在 D 内也有

$$\frac{\partial^2 v}{\partial x^2} + \frac{\partial^2 v}{\partial y^2} = 0$$

这一方程形式上很有特点，我就不谦虚了，就称之为'拉普拉斯方程'，相应的算符 $\frac{\partial^2}{\partial x^2} + \frac{\partial^2}{\partial y^2}$ 称为'拉普拉斯算符'，记为 $\Delta = \frac{\partial^2}{\partial x^2} + \frac{\partial^2}{\partial y^2}$，也就是 $\Delta u = \frac{\partial^2 u}{\partial x^2} + \frac{\partial^2 u}{\partial y^2}$。

这样，上面的结论就可以说成是：u 及 v 在 D 内满足拉普拉斯方程 $\Delta u = 0$，$\Delta v = 0$。

并且，满足拉普拉斯方程的函数特别有用，因而值得给一个特殊的名字：如果二元实函数 $H(x,y)$ 在区域 D 内有二阶连续偏导数，且满足拉普拉斯方程 $\Delta H = 0$，则称 $H(x,y)$ 为区域 D 内的调和函数。

你们知道吗？调和函数常出现在诸如流体力学、电学、磁学等实际问题中，所以，我就再补充一个定义：

在区域 D 内满足 C-R 条件

$$\frac{\partial u}{\partial x} = \frac{\partial v}{\partial y}, \quad \frac{\partial u}{\partial y} = -\frac{\partial v}{\partial x}$$

的两个调和函数 u，v 中，v 称为 u 在区域 D 内的共轭调和函数。

现在，你们就可以发现：

若 $f(z) = u(x,y) + iv(x,y)$ 在区域 D 内解析，则在区域 D 内 $v(x,y)$ 必为 $u(x,y)$ 的共轭调和函数。

反过来，如果 u，v 是任意选取的在区域 D 内的两个调和函数，则 $u+iv$ 在 D 内就不一定解析。"

此时柯西插话："按你这意思，解析必调和，调和难解析呗！"

拉普拉斯有一点点小尴尬，他鼓起勇气接着说："要想 $u+iv$ 在区域 D 内解析，u 及 v 还必须满足 C-R 条件，即 v 必须是 u 的共轭调和函数。由此，如已知一个解析函数的实部 $u(x,y)$（或虚部 $v(x,y)$），就可以求出它的虚部 $v(x,y)$（或实部 $u(x,y)$）。"

柯西一愣，那个 C-R 方程，只是能够在给定 u，v 之后，判断函数 $u+iv$ 是否解析，但没有给出构造解析函数的方法，这人是不是想在这个地方让自己难堪呢？

拉普拉斯接着说："假设 D 是一个单连通区域，$u(x,y)$ 是区域 D 内的调和函数，则 $u(x,y)$ 在 D 内有二阶连续偏导数，且 $\dfrac{\partial^2 u}{\partial x^2}+\dfrac{\partial^2 u}{\partial y^2}=0$ 即 $-\dfrac{\partial u}{\partial y}$，$\dfrac{\partial u}{\partial x}$ 在 D 内有一阶连续偏导数，且 $\dfrac{\partial}{\partial y}\left(-\dfrac{\partial u}{\partial y}\right)=\dfrac{\partial}{\partial x}\left(\dfrac{\partial u}{\partial x}\right)$，根据高等数学中的相关结论知道，$-\dfrac{\partial u}{\partial y}\mathrm{d}x+\dfrac{\partial u}{\partial x}\mathrm{d}y$ 是全微分，就是它能够看成是某个二元函数的微分，这样就可以令

$$-\frac{\partial u}{\partial y}\mathrm{d}x+\frac{\partial u}{\partial x}\mathrm{d}y=\mathrm{d}v(x,y)$$

则有 $$v(x,y)=\int_{(x_0,y_0)}^{(x,y)}-\frac{\partial u}{\partial y}\mathrm{d}x+\frac{\partial u}{\partial x}\mathrm{d}y+C$$

其中，(x_0,y_0) 是 D 内的一个定点，C 是一个任意常数，积分与路径无关。"

韩弓一看 $v(x,y)$ 的表达式，问道："那是什么？"

刘云飞故作聪明地说："你别打岔。那是高等数学课程里的关于坐标的曲线积分，不知道的话自己找本高数书去看看。"

柯西疑惑地问："这就意味着，给出一个调和函数 $u(x,y)$，按你这个方法去确定一个 $v(x,y)$，$u(x,y)+iv(x,y)$ 就是解析的？"

拉普拉斯自豪地说："不信我证明给你看。将

$$v(x,y)=\int_{(x_0,y_0)}^{(x,y)}-\frac{\partial u}{\partial y}\mathrm{d}x+\frac{\partial u}{\partial x}\mathrm{d}y+C$$

分别对 x，y 求偏导数，可得

$$\frac{\partial v}{\partial x}=-\frac{\partial u}{\partial y},\quad \frac{\partial v}{\partial y}=\frac{\partial u}{\partial x}$$

这不就是 C-R 条件吗！因而可知 $u+\mathrm{i}v$ 在 D 内解析。"

柯西看得心服口服，暗暗点了点头。

拉普拉斯趁机补上一刀："我就用一个定理来总结以上结论：

定理 设 $u(x,y)$ 是在单连通区域 D 内的调和函数，则存在函数

$$v(x,y) = \int_{(x_0,y_0)}^{(x,y)} -\frac{\partial u}{\partial y}\mathrm{d}x + \frac{\partial u}{\partial x}\mathrm{d}y + C$$

使 $u+\mathrm{i}v=f(z)$ 是 D 内的解析函数。"

柯西只好夸张地说："不错不错，有理有理！"

拉普拉斯听到柯西的夸奖，得意地说："若单连通区域 D 包含原点，则算式中的 (x_0,y_0) 可取成原点 $(0,0)$。不过，若 D 是非单连通区域，则相应的 $v(x,y)$ 可能就是一个多值函数了。"

刘云飞一脸嫌弃地对着拉普拉斯说："你吭哧吭哧说半天，其实就说明两件事。第一件事是，函数 $f(z)=u(x,y)+\mathrm{i}v(x,y)$ 在区域 D 内解析的充要条件是在 D 内，$f(z)$ 的虚部函数 $v(x,y)$ 是实部函数 $u(x,y)$ 的共轭调和函数，这也就是通常所说的解析与调和的关系；第二件事是，若 $u(x,y)$ 是单连通区域 D 内的一个调和函数，则一定存在函数 $v(x,y)$，使得 $f(z)=u(x,y)+\mathrm{i}v(x,y)$ 为 D 内的解析函数，并且还有 $v(x,y) = \int_{(x_0,y_0)}^{(x,y)} -\frac{\partial u}{\partial y}\mathrm{d}x + \frac{\partial u}{\partial x}\mathrm{d}y + C$，其中 (x_0,y_0) 是 D 内的一个定点，C 是任意实常数。当然，若 $v(x,y)$ 是单连通区域 D 内的一个调和函数，则一定存在函数 $u(x,y)$，使得 $f(z)=u(x,y)+\mathrm{i}v(x,y)$ 为 D 内的解析函数，并且还有 $u(x,y) = \int_{(x_0,y_0)}^{(x,y)} \frac{\partial v}{\partial y}\mathrm{d}x - \frac{\partial v}{\partial x}\mathrm{d}y + C$，其中 (x_0,y_0) 是 D 内的一个定点，C 是任意实常数。对不对？"

拉普拉斯不服气地说："我觉得我已经很了不起了。"

一旁欧拉也来凑热闹："调和函数是有着广泛实际应用的一类函数，平面静电场中的电位函数、无源无旋的平面流速场中的势函数与流函数都是特殊的二元实函数，即调和函数。"

刘云飞不满地说："你说的那些物理概念我都不懂，说了有什么用？"

欧拉笑了：“你现在不需要懂物理，只要记住调和函数有用就够了。”

刘云飞接着说道：“那不如来点实惠的，帮我做个题如何？”

欧拉哈哈大笑：“你叫我帮你做？想啥呢？”

刘云飞调皮地说：“试试呗！证明 $u(x,y)=x^3-3xy^2$ 是平面上的调和函数，并求以 $u(x,y)$ 为实部的解析函数 $f(z)$，使得 $f(0)=\mathrm{i}$。”

欧拉无可奈何地摇了摇头，说道：“连这种题目都不会，也怪不得你没出息。我就教教你吧！

因为 $\dfrac{\partial u}{\partial x}=3x^2-3y^2$，$\dfrac{\partial u}{\partial y}=-6xy$，$\dfrac{\partial^2 u}{\partial x^2}=6x$，$\dfrac{\partial^2 u}{\partial y^2}=-6x$

故 $u(x,y)=x^3-3xy^2$ 有二阶连续偏导数，所以 $\dfrac{\partial^2 u}{\partial x^2}+\dfrac{\partial^2 u}{\partial y^2}=0$，即 $u(x,y)=x^3-3xy^2$ 是平面上的调和函数。

下面，我可以用三种方法来求满足题设条件的解析函数。

方法 1（曲线积分法）　取 $(x_0,y_0)=(0,0)$，如下图所示，于是有

$$
\begin{aligned}
v(x,y) &= \int_{(0,0)}^{(x,y)} -\frac{\partial u}{\partial y}\mathrm{d}x + \frac{\partial u}{\partial x}\mathrm{d}y + C \\
&= \int_{(0,0)}^{(x,y)} 6xy\,\mathrm{d}x + (3x^2-3y^2)\,\mathrm{d}y + C \\
&= \int_0^x 6x\cdot 0\,\mathrm{d}x + \int_0^y (3x^2-3y^2)\,\mathrm{d}y + C \\
&= 3x^2y - y^3 + C
\end{aligned}
$$

所以
$$f(z)=x^3-3xy^2+\mathrm{i}(3x^2y-y^3+C)$$
再由条件 $f(0)=\mathrm{i}$，可得 $C=1$。故
$$f(z)=x^3-3xy^2+\mathrm{i}(3x^2y-y^3+1)=z^3+\mathrm{i}$$

方法 2（常数变异法）　由 C-R 条件得

$$\frac{\partial v}{\partial y}=\frac{\partial u}{\partial x}=3x^2-3y^2 \tag{1}$$

$$\frac{\partial v}{\partial x}=-\frac{\partial u}{\partial y}=-(-6xy)=6xy \tag{2}$$

由式（1）积分得

$$v(x,y) = \int (3x^2 - 3y^2)\,\mathrm{d}y$$

$$= 3x^2 y - y^3 + \varphi(x) \tag{3}$$

求式（3）对 x 的偏导数并代入式（2）得

$$6xy + \varphi'(x) = 6xy$$

即 $\varphi'(x) = 0$，所以 $\varphi(x) = C$（常数），从而

$$v(x,y) = 3x^2 y - y^3 + C$$

所求解析函数为　　　　　　$f(z) = x^3 - 3xy^2 + \mathrm{i}(3x^2 y - y^3 + C)$

再由条件 $f(0) = \mathrm{i}$，可得 $C = 1$。故

$$f(z) = x^3 - 3xy^2 + \mathrm{i}(3x^2 y - y^3 + 1) = z^3 + \mathrm{i}$$

方法 3（不定积分法）　　　$f'(z) = \dfrac{\partial u}{\partial x} + \mathrm{i}\dfrac{\partial v}{\partial x} \overset{\text{C-R}}{=\!=\!=} \dfrac{\partial u}{\partial x} - \mathrm{i}\dfrac{\partial u}{\partial y}$

其中　　　　　　　$x = \dfrac{1}{2}(z + \bar{z}), \quad y = \dfrac{1}{2\mathrm{i}}(z - \bar{z})$

因为　　　　　　　$\dfrac{\partial u}{\partial x} = 3x^2 - 3y^2, \quad \dfrac{\partial u}{\partial y} = -6xy$

由解析函数的导数公式 $f'(z) = \dfrac{\partial u}{\partial x} + \mathrm{i}\dfrac{\partial v}{\partial x} \overset{\text{C-R}}{=\!=\!=} \dfrac{\partial u}{\partial x} - \mathrm{i}\dfrac{\partial u}{\partial y}$ 得

$$f'(z) = \dfrac{\partial u}{\partial x} - \mathrm{i}\dfrac{\partial u}{\partial y}$$

$$= 3x^2 - 3y^2 - \mathrm{i}(-6xy) = 3x^2 - 3y^2 + \mathrm{i}6xy$$

将 $x = \dfrac{1}{2}(z + \bar{z})$，$y = \dfrac{1}{2\mathrm{i}}(z - \bar{z})$ 代入上式，整理得

$$f'(z) = 3x^2 - 3y^2 + \mathrm{i}6xy = 3z^2$$

所以　　　　　　　　　　$f(z) = z^3 + C$

再由条件 $f(0) = \mathrm{i}$，可得 $C = \mathrm{i}$。故 $f(z) = z^3 + \mathrm{i}$。"

刘云飞坏坏地说："我看到书上说，你是一个了不起的大数学家，一生硕

果累累，并且都是很大很大的大成果，没想到你基本功这么扎实，还能这么亲民。"

众人哄堂大笑，欧拉轻蔑地望了一眼刘云飞，什么话都不想说了。

刘云飞讨了个没趣，倒也不觉得尴尬，眼珠滴溜溜一转，又想出了一个鬼点子。于是清了清喉咙，神神道道地大声说道："诸位诸位，出大事了呀！"

众人一惊，立即静了下来。未知出了什么大事。欲知后事，请看下回。

第十一回
指对联手显威力　初等函数成一统

阅读提示：本回构建复变函数论的主要研究对象——初等函数，给出其结构和常用函数的性质。与高等数学不同，这里的基本初等函数仅包括指数和对数函数，其他函数均可由它们导出，由此彰显指数函数的地位。此外，还要注意几个复变函数的多值性。

看到众人的注意力都被吸引了过来，刘云飞朗声说道："诸位，大家记得吗？高等数学课程中提出了初等函数的概念，使得课程关注的函数被分成了两类：初等函数和非初等函数。非初等函数只作为特例或反例，而将初等函数作为课程的主要研究对象。为什么要这样做呢？因为初等函数这个群体具有良好的结构：我们选择几个常见的函数如幂函数、指数函数、对数函数、三角函数和反三角函数等作为基本初等函数，而将初等函数定义为由基本初等函数经有限次四则运算和复合得到的函数，通过这种方式，我们清晰地给出了研究对象的结构，为后来的求导等运算奠定了很好的基础。因为我们只要把基本初等函数的导数做成一张导数表、把四则运算和复合的求导规则做成另一张表，用这两张表就可以彻底解决初等函数的求导问题。这种做法可是具有方法论上的指导意义哦！在这里，我们虽然定义了解析函数、调和函数，但是，我们并没有能够看到解析函数、调和函数具有什么样的结构。这是不是有点缺憾啊？"

众人一想也是。欧拉闭目想了一会儿，开口说道："我们现在能做的是给出函数判断它是否解析，或者给出实部或虚部，寻找虚部或实部来构造解析函数。要给出解析函数的结构恐怕不容易。"

刘云飞清了清喉咙，接着说道："那我们可不可以退而求其次，也给出一个类似初等函数的结构，然后证明其中的函数都是解析的，只要这个结构中包含的函数能够满足工程应用，以后的分析就可以默认在这个结构中了。这样是不是可以？"

欧拉点点头，说道："这倒是个好主意。我们也不用再搞什么新结构，就从高等数学中移植吧！上次构建微积分基本函数的会议我也参加了，据说后来有人还把那个会的过程记录在《大话信号与系统》一书中了。不过呢，因为有欧拉公式的存在，指数函数和三角函数二者可以互相表示，就不用同时列进基本初等函数了，要不就留一个指数函数吧！"

刘云飞想了想，说："那按照你的意思，在复变函数课程里，基本初等函数只要有复指数函数和复对数函数就够了。"

众人一下子惊呆了，复指数函数和复对数函数能有那么大的表现力吗？

刘云飞看着众人惊讶的样子，自信地说道："我推演给大家看吧！

首先，复指数函数可以结合欧拉公式，由实指数函数和三角函数一起定义：

$$\exp z = e^z，即 \ e^z = e^{x+yi} = e^x \cdot e^{yi} = e^x(\cos y + i \sin y)$$

这样定义的指数函数满足实指数函数的运算性质：

$$\exp z_1 \cdot \exp z_2 = \exp(z_1 + z_2)$$

除此之外，根据三角函数的周期性知道，e^z 是周期为 $2k\pi i (k \in \mathbf{Z})$ 的周期函数。"

"等一下。"韩素喊道："你这有点毁三观了。谁不知道，通常的指数函数是单调函数，怎么到你这里成了周期函数了呢？"

刘云飞耐心地解释道："单调性是实指数函数的性质，复指数函数中因为引入了三角函数，所以才有了周期性，当然这个周期是'虚'的。"

韩素"哦、哦"了两声说道："我知道我知道，我就是感叹一下，这复函数不像原来想象的那么简单，把实的 x 换成复的 z 就行了，还是有许多变化的呢。"

刘云飞白了一眼韩素接着说道："复对数函数就可以定义为复指数函数的反函数，即满足 $e^w = z(z \neq 0)$ 的函数 $w = f(z)$ 称为复变量 z 的对数函数，记为 $w = \mathrm{Ln}z$。

为了计算 $w = \mathrm{Ln}z$ 的值，令 $w = u + iv$，$z = re^{i\theta}$，则

$$e^{u+iv} = e^u e^{iv} = re^{i\theta} \Rightarrow e^u = r, \quad v = \theta + 2k\pi, \quad k \text{ 为整数}$$

即

$$u = \ln r = \ln|z|, \quad v = \mathrm{Arg}z$$

从而有

$$\mathrm{Ln}z = \ln|z| + i\mathrm{Arg}z$$

这个式子揭示了复对数函数与实对数函数之间的关系。就把这个式子作为复对数函数的定义式。因为 $\mathrm{Arg}z$ 是多值函数，所以，$\mathrm{Ln}z$ 也是多值的。不过，当 $\mathrm{Arg}z$ 取主值 $\mathrm{arg}z$ 时，$\mathrm{Ln}z$ 为单值函数，称其为 $\mathrm{Ln}z$ 的主值，记为 $\ln z$，即

$$\ln z = \ln|z| + i\mathrm{arg}z$$
$$\Rightarrow \mathrm{Ln}z = \ln z + 2k\pi i$$

或

$$\mathrm{Ln}z = \ln|z| + i\mathrm{arg}z + 2k\pi i$$

此式就是复对数函数的计算公式。当 z 限定为实数 $z = x > 0$ 时，

$$\ln z = \ln x + i\mathrm{arg}x = \ln x$$

就得到实对数函数。

复对数函数有与实对数函数类似的运算性质：

（1）$\mathrm{Ln}(z_1 \cdot z_2) = \mathrm{Ln}z_1 + \mathrm{Ln}z_2$；

（2）$\mathrm{Ln}\dfrac{z_1}{z_2} = \mathrm{Ln}z_1 - \mathrm{Ln}z_2$。

这两个性质可以由对数定义表达式来证明，以（1）为例：

$$\mathrm{Ln}(z_1 \cdot z_2) = \ln|z_1 z_2| + i\mathrm{Arg}z_1 z_2$$
$$= \ln(|z_1| \cdot |z_2|) + i(\mathrm{Arg}z_1 + \mathrm{Arg}z_2)$$
$$= \ln|z_1| + i\mathrm{Arg}z_1 + \ln|z_2| + i\mathrm{Arg}z_2 = \mathrm{Ln}z_1 + \mathrm{Ln}z_2$$

同理可证（2）。

下面我们算一个例子。如果你觉得你对上面叙述的原理都清晰了，可以跳到后面去。

例：求 $\ln(-\sqrt{3})$，$\mathrm{Ln}\left(-\dfrac{1}{2}+\dfrac{\sqrt{3}}{2}\mathrm{i}\right)$ 及主值。

解：
$$\ln(-\sqrt{3}) = \ln\left|-\sqrt{3}\right| + \mathrm{i}\arg(-\sqrt{3}) = \frac{1}{2}\ln3 + \pi\mathrm{i}$$

$$\mathrm{Ln}\left(-\frac{1}{2}+\frac{\sqrt{3}}{2}\mathrm{i}\right) = \ln\left|-\frac{1}{2}+\frac{\sqrt{3}}{2}\mathrm{i}\right| + \mathrm{i}\arg\left(-\frac{1}{2}+\frac{\sqrt{3}}{2}\mathrm{i}\right) + 2k\pi\mathrm{i}$$

$$= \ln1 + \mathrm{i}\frac{2}{3}\pi + 2k\pi\mathrm{i} = 2\left(k+\frac{1}{3}\right)\pi\mathrm{i}$$

主值：
$$\ln\left(-\frac{1}{2}+\frac{\sqrt{3}}{2}\mathrm{i}\right) = \ln1 + \mathrm{i}\frac{2}{3}\pi = \frac{2}{3}\pi\mathrm{i}$$

由 $\mathrm{Ln}z$ 的表达式，很容易知道，$\mathrm{Ln}z$ 在除原点及负实轴的平面内连续且解析。

这是因为 $\mathrm{Ln}z = \ln|z| + \mathrm{i}\arg z + 2k\pi\mathrm{i}$，而 $\arg z$ 在原点及负实轴上不连续，即 $\mathrm{Ln}z$ 在除原点及负实轴的平面内连续。

又因为在除原点及负实轴的平面内，$z = \mathrm{e}^w$，$w = \ln z$ 有定义且互为反函数，因此，$\dfrac{\mathrm{d}\ln z}{\mathrm{d}z} = \dfrac{1}{\dfrac{\mathrm{d}\mathrm{e}^w}{\mathrm{d}w}} = \dfrac{1}{\mathrm{e}^w} = \dfrac{1}{z}$。所以 $\mathrm{Ln}z$ 在除原点及负实轴的平面内解析。

从而，应用对数函数 $\mathrm{Ln}z$ 时，指的都是其除原点及负实轴的平面内的某一分支。"

刘云飞停顿了一下，开玩笑似地对韩素说："是不是又觉得毁三观了？原来负数也是可以取对数的！有没有觉得你的中学老师误导了你？呵呵。这说明什么？这说明人是受眼界限制的，规则也只能是在特定的范围内才适用。"

韩素点了点头，心悦诚服地说道："明白了。人总会有眼界约束，但心不能受眼界限制，做人嘛，格局要大，境界要高。"

听到两个人谈论这些莫名其妙的东西，韩弓忍不住了，叫道："你们给了指数函数、对数函数的定义，还说能作为基本初等函数，那最常见的幂函数怎么办呢？"

刘云飞答道："你先别急，先看我利用复指数函数和复对数函数计算复数乘幂 a^b。

由 $a^b = e^{b\mathrm{Ln}a}$，其中 $a \neq 0$，根据 b 的取值不同，有以下情况：

（1）当 $b \in \mathbf{Z}$ 为整数时，

$$a^b = e^{b\mathrm{Ln}a} = e^{b(\ln a + 2k\pi i)} = e^{b\ln a + 2bk\pi i} = e^{b\ln a} \cdot e^{2bk\pi i} = e^{b\ln a}$$

所以，a^b 有唯一值；

（2）当 $b = \dfrac{p}{q} \in \mathbf{Q}$ 为有理数时，

$$a^b = e^{b\mathrm{Ln}a} = e^{\frac{p}{q}(\ln|a| + i\arg a + 2k\pi i)} = e^{\frac{p}{q}\ln|a|} \cdot e^{i\frac{p}{q}(\arg a + 2k\pi)}$$

$$= e^{\frac{p}{q}\ln|a|}\left[\cos\frac{p(\arg a + 2k\pi)}{q} + i\sin\frac{p(\arg a + 2k\pi)}{q}\right]$$

当 $k = 0, 1, 2, \cdots, q-1$ 时，由正、余弦函数的周期性，得到 a^b 的 q 个不同值，所以 a^b 有 q 个不同的值。

这里需要指出，当 $q = 2$，$p = 1$，z 为正实数 c 时，

$$\sqrt{c} = c^{\frac{1}{2}} = e^{\frac{1}{2}\ln c}e^{k\pi i}\ (k = 0, 1)$$

$$= \begin{cases} \sqrt{c}, & k = 0 \\ -\sqrt{c}, & k = 1 \end{cases}$$

上式左边的开方运算是复数域的，右边的开方号是实数域的。因此，在复数域中，开方号本身自带±号，以后那个万能求根公式 $\dfrac{-b \pm \sqrt{b^2 - 4ac}}{2}$ 就可以简写为 $\dfrac{-b + \sqrt{b^2 - 4ac}}{2}$ 了……"

"等等等等。"韩素急忙打断刘云飞的话："你写公式好理解，但对具体的数，又是怎样表示呢？比如说 4 的平方根，该怎样表示呢？"

刘云飞微微一笑："4 的平方根，如果是在实数范围内讨论，那就是 $\pm\sqrt{4} = \pm 2$，这个 $\sqrt{4}$ 就只代表 2，不含 -2，而在复数范围内，那就是 $\sqrt{4} = 2e^{ik\pi} =$

$$\begin{cases} 2, & k=0 \\ -2, & k=1 \end{cases}^{\circ}$$

特别是，在复数域内，$1^{\frac{1}{n}} = \sqrt[n]{1}$ 有 n 个值……"

没等刘云飞说完，韩弓忍不住打断："1 还有 3 个立方根不成？"

刘云飞摆摆手："唉，上次笛卡儿本来是要说的，后来被方成打断了，现在我来说吧。按照复数开方的定义，

$$1^{\frac{1}{2}} = \sqrt{1} = 1 \cdot e^{\frac{2k\pi i}{2}} = 1, -1$$

$$1^{\frac{1}{3}} = \sqrt[3]{1} = 1 \cdot e^{\frac{2k\pi i}{3}} (k=0,1,2) = 1, \cos\frac{2\pi}{3} + i\sin\frac{2\pi}{3}, \cos\frac{4\pi}{3} + i\sin\frac{4\pi}{3}$$

$$1^{\frac{1}{4}} = \sqrt[4]{1} = 1 \cdot e^{\frac{2k\pi i}{4}} (k=0,1,2,3) = 1, \cos\frac{\pi}{2} + i\sin\frac{\pi}{2}, \cos\pi + i\sin\pi, \cos\frac{3\pi}{2} + i\sin\frac{3\pi}{2} = 1,$$

$$i, -1, -i$$

……

上面这种写法不够规范，但意思大家是能够理解的吧！"

韩弓一看，觉得有点不可思议，就说："你这好像有点不厚道。按你这么说，把 1 开 99 次方，那除了一个 1 之外，另外还得有 98 个复根？"

刘云飞说道："正是。$1^{\frac{1}{99}} = \sqrt[99]{1} = 1 \cdot e^{\frac{2k\pi i}{99}}$，$k=0,1,2,\cdots,98$，除 $k=0$ 时结果为实数 1 外，其余 98 个是复数。"

韩弓无话可说。刘云飞接着说道：

"（3）当 b 为无理数或虚数时，我们通过计算下列的复数乘幂可以发现，a^b 有无穷多值：

1）$1^{\frac{1}{\pi}} = e^{\frac{1}{\pi}\text{Ln}1} = e^{\frac{1}{\pi}(\ln 1 + 2k\pi i)} = e^{2ki} = \cos 2k + i\sin 2k (k=0,\pm 1,\pm 2,\cdots)$

2）$2^{1+i} = e^{(1+i)\text{Ln}2} = e^{(1+i)(\ln 2 + 2k\pi i)} = e^{\ln 2 - 2k\pi + i(2k\pi + \ln 2)}$

$$= e^{\ln 2 - 2k\pi}[\cos(2k\pi + \ln 2) + i\sin(2k\pi + \ln 2)]$$

$$= e^{\ln 2 - 2k\pi}(\cos\ln 2 + i\sin \ln 2)(k=0,\pm 1,\pm 2,\cdots)$$

这些例子希望读者能多看几遍，以体会复数运算的特点。"

韩素、韩弓一时看得呆了，这颠来倒去的，可不太容易理解。刘云飞拍了

两个人一下,说道:"行啦行啦,回去多看几遍,好好练习练习,这里就不要耽误读者时间,看我怎样由基本初等函数构建其他简单初等函数。"

两人回过神来,静静地听着刘云飞说:"以上面的计算为基础,现在就可以定义幂函数:

$w = z^a = e^{a\operatorname{Ln}z}(z \neq 0)$;当 a 为正实数且 $z=0$ 时,规定 $z^a = 0$。

这样,由于

$$w = z^a = e^{a\ln z}e^{a2k\pi\text{i}}(\ln 1 = 0, -\pi < \arg z \leqslant \pi)$$

因此,对同一个 $z \neq 0$,$w = z^a$ 的不同数值的个数就等于不同数值的因子

$$e^{a \cdot 2k\pi\text{i}}(k \in \mathbf{Z})$$

的个数:

(1)当 a 是正整数时,$e^{a \cdot 2k\pi\text{i}}(k \in \mathbf{Z})$ 的值为 1,幂函数是一个单值函数。

(2)当 $a = \dfrac{1}{n}$(当 n 是正整数)时,$e^{a \cdot 2k\pi\text{i}}(k \in \mathbf{Z})$ 就有 n 个值,幂函数是一个 n 值函数。

(3)当 $a = \dfrac{m}{n}$ 是有理数时,$e^{a \cdot 2k\pi\text{i}}(k \in \mathbf{Z})$ 就有 n 个值,幂函数是一个 n 值函数。有了上面的基础,这个结论应该是很好理解的了。

(4)当 a 是无理数或虚数时,$e^{a \cdot 2k\pi\text{i}}(k \in \mathbf{Z})$ 就有无穷多个值,这把无理数或者虚数代入进去就可以验证了,此时,幂函数是一个无穷值多值函数。

结合上面的计算例子,这一段大家应该容易理解吧!

其次是复三角函数:

因为

$$e^{\text{i}\theta} = \cos\theta + \text{i}\sin\theta, e^{-\text{i}\theta} = \cos\theta - \text{i}\sin\theta \Rightarrow \cos\theta = \frac{e^{\text{i}\theta} + e^{-\text{i}\theta}}{2}, \sin\theta = \frac{e^{\text{i}\theta} - e^{-\text{i}\theta}}{2\text{i}}, \quad \theta = \mathbf{R}$$

这样可以定义正弦函数 $\sin z = \dfrac{e^{\text{i}z} - e^{-\text{i}z}}{2\text{i}}$,余弦函数 $\cos z = \dfrac{e^{\text{i}z} + e^{-\text{i}z}}{2}$。

来看一个例子,求 $\cos 2\text{i}$。

解:$\cos 2\text{i} = \dfrac{e^{\text{i} \cdot 2\text{i}} + e^{-\text{i} \cdot 2\text{i}}}{2} = \dfrac{e^{-2} + e^{2}}{2} = \cosh 2$

容易证明：$\sin z$，$\cos z$ 具有与实函数 $\sin x$，$\cos x$ 相同的周期性、奇偶性、可导（解析）、加法公式、平方关系等性质，但是，不具有有界性。这是因为当 $x=0$ 时，

$$\sin yi = \frac{e^{-y}-e^{y}}{2i} = i\,\frac{e^{y}-e^{-y}}{2}, \quad \cos yi = \frac{e^{-y}+e^{y}}{2}$$

当 $y\to\infty$（$z\to\infty$）时，　　　　　$|\sin yi|$，$|\cos yi|\to+\infty$

还可以定义　　　$\tan z = \dfrac{\sin z}{\cos z}$，　$\cot z = \dfrac{1}{\tan z}$，　$\sec z = \dfrac{1}{\cos z}$，　$\csc z = \dfrac{1}{\sin z}$

相应的一些运算性质可以参见其他教材。"

韩素"啧，啧"了两声，说道："又是一个毁三观的故事，正余弦函数居然也不以 1 为界了。"

刘云飞咧了咧嘴继续说道："然后，将满足 $z=\sin w$ 的复变量 w 称为 z 的反正弦函数，记为 $w=\mathrm{Arcsin}z$。

因为　　　　　　　　$z=\sin w = \dfrac{e^{iw}-e^{-iw}}{2i}$

所以　　　　　　　　$e^{iw}-2iz-e^{-iw}=0$

即　　　　　　　　$e^{i2w}-2ize^{iw}-1=0$

$$e^{iw} = \frac{2iz+\sqrt{-4z^{2}+4}}{2} = iz+\sqrt{1-z^{2}}$$

从而　　　　　　　$w=\mathrm{Arcsin}z = -i\mathrm{Ln}\left(iz+\sqrt{1-z^{2}}\right)$

同理，可以定义并可求得

$$\mathrm{Arccos}z = -i\mathrm{Ln}\left(z+\sqrt{z^{2}-1}\right)\,; \quad \mathrm{Arctan}z = -\frac{i}{2}\mathrm{Ln}\frac{1+iz}{1-iz}$$

然后，定义双曲正弦：$\sinh z = \dfrac{e^{z}-e^{-z}}{2}$；双曲余弦：$\cosh z = \dfrac{e^{z}+e^{-z}}{2}$；双曲正切：

$\tanh z = \dfrac{\sinh z}{\cosh z}$，则反双曲函数：

$$\mathrm{Arcsinh}z = \mathrm{Ln}\left(z+\sqrt{z^{2}+1}\right)$$

$$\text{Arccosh}z = \text{Ln}\left(z+\sqrt{z^2-1}\right)$$

$$\text{Arctanh}z = \frac{1}{2}\text{Ln}\frac{1+z}{1-z}$$

它们均为多值函数。这些定义都只是一种规定，没有多少解释的必要。但是，多做做题目，大家真的能更深刻地理解复变函数的奇妙之处。

最后，补充说明一下，一般指数函数定义为 $a^z = e^{z\text{Ln}a}$。"

韩弓带着不解的神情，犹犹豫豫地嘀咕："这样看来，这个指数函数太厉害了。好像所有的初等函数都是由它派生出来的似的。"

刘云飞开玩笑似的说道："还不是欧拉闹的。"

欧拉也笑了，随口说道："等你们数学学得多了，用得多了，你们就会明白：这世界，指数的。"

大家都被欧拉的幽默逗笑了。韩素轻蔑地看着刘云飞，不屑一顾地说："你把复数夸得那么神，就这？"刘云飞得意扬扬地说："这就是大学课程'复变函数'中的复变函数微分学部分，当然作为一门学科，还有更为丰富的内容，不过一般工科学生用不着就是了。"

韩素越发不高兴了："你把高等数学中的求导运算简单地移植到了复变函数中，捣鼓出了个 C-R 方程，然后定义了初等解析函数，就算建立了复变函数微分学了，是不是太草率了呢？"

刘云飞正色道："不草率。虽然导数概念是从实函数那里移植过来的，但记住这里的微元变量 dz 是一个复数形式，相当于两个实变量，这还是很考验思维的，这也是复变函数可导或者解析的条件比较苛刻的原因，需要函数的实部和虚部满足 C-R 方程。再者，对一般的实际现象，一旦找到了一个解析函数表示它，比如流体力学、电磁学中的某些场，利用解析性就可以挖掘出原来物理现象的许多特性，只不过这些工作需要较强的专业知识，需要到专业课中去学习。这里只要把基础打好了，后面学习就简单了。"

韩弓若有所思地插话说："我觉得刘老师这做法还是很有意思的。如果只是把函数概念从实数域直接从形式上拓展到复数域，比如直接由 sinx 到 sinz，

那这个 $\sin z$ 是不太好理解的，但是通过欧拉公式写出 $\sin z = \dfrac{e^{iz} - e^{-iz}}{2i}$，那么这个 $\sin z$ 就可以实实在在地计算了，真是不看不知道，世界真奇妙，而之所以有这个奇妙，一方面是欧拉公式的伟大，另一方面也是这种处理方法的神奇。"

韩素没好气地瞄了一眼韩弓，转头对刘云飞说道："照你这么说，你的这点玩意还挺好用哩？"

刘云飞脖子一梗："那当然。不过复变函数的积分更有用。"

韩素说："哦？说出来看看？"

欲知后事如何，且看下回。

第十二回
定不定各有巧妙　牛莱式合而为一

阅读提示：本回在回顾高等数学中积分基本概念的基础上给出复积分的定义，从三要素角度比较了实函数与复函数积分的异同，并特别指出，复变函数的定积分仅考虑积分区域为复平面上一条曲线的情况。

看到韩素那不服气的样子，刘云飞气不打一处来。说实话，微积分对人类的贡献怎么说都不过分。微积分发明以来，帮助人类社会取得的进步甚至超出了此前人类历史的总和，直到现在，几乎没有哪一项技术能独立于微积分存在，以至于理工科大学生的第一门自然科学课一定是微积分。只不过，由于现代教育工作的分工，教微积分的教师和学习微积分的学生都不知道微积分在专业里到底是怎样使用的，因而无法感受微积分的威力，你看韩素那七个不服八个不忿的样子就知道了。

不过，刘云飞觉得，不能急，还是要慢慢地展示，就像钓鱼一样，鱼饵再好，操之过急鱼儿还是不上钩的，那鱼饵好不好还不是一个样。

刘云飞觉得有必要给他们复习一下高等数学中的积分知识，就无视了韩素的挑衅，心平气和地开始传道。

"在高等数学课程中，"刘云飞平缓地说道，"我们学习过三种积分。第一种是不定积分，它可以理解为求导运算的逆运算，即在已经知道 $f'(x)$ 的条件下，求 $f(x)$，物理意义上相当于已知速度求位置，因为起点没设定，所以求得的结果不唯一，相互之间的差异就是起点之间的距离，是与变量无关的常数。第二种是定积分，以求曲边梯形面积为例，就是采用微元法，把自变量的范围分割成一个个的小区间，在每一个小区间内用直线近似曲线，将小曲边梯形的面积用矩形面积近似，然后求和，再取极限，简单说就是分割、近似、求和、取极限，得到整个曲边梯形的面积。本来定积分和不定积分是风马牛不相及的两回事，但是伟大的牛顿-莱布尼茨公式把它们联系起来了：

$$\int_a^b f(x)\,\mathrm{d}x = \int f(x)\,\mathrm{d}x \mid_a^b$$

表面上看这或许是一种巧合，也许是一种幸运，但本质上却有着内在的必然性，喜欢思考的读者可以自行探究一下，说不定能获得思维上的飞跃。至于第三种，变上限积分，可以理解为不定积分中一个确定了边界条件的原函数，也可以理解为定积分中积分限由定量变成变量后得到的函数，反正是可以由其他两个积分导出的函数。

对定积分来说，有三要素：积分范围、被积函数和积分微元。各种积分意义的理解、计算都可以从这三个要素上来分析。积分表达式 $\int_a^b f(x)\,\mathrm{d}x$ 中，积分号可以理解为求和号的极限形式，被积函数与积分微元是乘积关系，代表某种待求的物理量。当被积函数在积分范围内为常量时，这种物理量就是该常量与积分范围的乘积，例如对匀速直线运动，被积函数是速度，速度与时间长度的乘积就是路程，积分结果就是路程，而当被积函数不是常数时，那就将积分区间分割足够细，这样每一个小区间内的函数值都可以用一个常数去近似，用这个常数与区间长度 $\mathrm{d}x$ 的乘积代表要计算的物理量，比如路程，积分号代表对所有的近似求和再取极限……"

韩素不耐烦地说："你真啰唆。与复变函数课程无关的东西就不要再多说了。"

刘云飞无奈地看了一眼韩素，说道："好吧，我们就先从形式上把不定积分引进来。从考虑求导运算的逆运算开始。

如果在区域 D 内，可导函数 $F(z)$ 的导函数为 $f(z)$，即对任一 $z \in D$ 有

$$F'(z) = f(z)$$

那么函数 $F(z)$ 就称为 $f(z)$ 在区域 D 内的原函数，意思是'原来那个函数'。"

韩弓一看，马上抢着说："常数的导数是 0，如果 $F(z)$ 是 $f(z)$ 在区域 D 内的原函数，那么，对任意常数 C，$F(z)+C$ 不也是 $f(z)$ 的原函数吗？"

刘云飞赞许地说："看看看看，连你都看明白了。的确是的，一个函数的原函数并不唯一，但它们之间最多相差一个常数，就是说，如果 $\varPhi(z)$ 和 $F(z)$ 都为 $f(z)$ 在 D 内的原函数，那么 $\varPhi(z)$ 和 $F(z)$ 仅相差一个复常数。区域 D 内 $f(z)$ 的带有任意常数的原函数 $F(z)+C$ 称为 $f(z)$ 在 D 内的不定积分，记为 $\int f(z)\mathrm{d}z$，即

$$\int f(z)\,\mathrm{d}z = F(z) + C$$

这里 $f(z)$ 称为被积函数，z 称为积分变量。"

这时韩素想到了一个比较刁钻的问题。

他坏坏地望着刘云飞，问道："你是说如果 $F(z)$ 的导数是 $f(z)$，那么 $F(z)$ 就是 $f(z)$ 的原函数，$F(z)+C$ 就是 $f(z)$ 的不定积分，注意你这里的前提：$F(z)$ 的导数是 $f(z)$，要是没有这样一个前提，随便给一个函数 $f(z)$，它的原函数是不是一定存在？又怎样找到它的那个它，即原函数 $F(z)$ 呢？"

刘云飞毫不犹豫地说："你一下子问了两个问题。第一个问题是函数的可积性条件，什么样的函数存在原函数，这个问题有很多人研究过，但不适合在这里展开，我们只需要记住，若 $f(z)$ 是单连通域内的连续函数，那么它的原函数 $F(z)$ 一定存在，当然，这是一个充分非必要条件，就是说，有些不连续的函数也可能存在原函数。第二个问题是不定积分的计算问题，形式上讲可以完全仿照高等数学里的方法、过程和结果，比如：

$$\int \mathrm{e}^z \mathrm{d}z = \mathrm{e}^z + C$$

$$\int z^n \mathrm{d}z = \frac{1}{n+1} z^{n+1} + C, \ n \neq -1$$

$$\int \cos z\,dz = \sin z + C$$

$$\int \sin z\,dz = -\cos z + C$$

$$\int \frac{1}{1+z^2}\,dz = \arctan z + C$$

等等。

还可以利用不定积分的性质如：

$$\int [f(z) \pm g(z)]\,dz = \int f(z)\,dz \pm \int g(z)\,dz$$

$$\int k f(z)\,dz = k\int f(z)\,dz\,(k\ 为复常数)$$

来简化计算。"

韩素撇了撇嘴，说道："好像没啥新意。"

刘云飞应道："定积分，复变函数的定积分才是最难理解的，你好好看我给你表演吧！

我们从三要素的角度建立复变函数的定积分。首先是积分区域，我们关注的是复平面上的一条光滑或逐段光滑的曲线，如果它还是逐段光滑的简单闭曲线，那就给它一个简称，叫作周线、围道或者围线。

定义　设在复平面上有一条连接 z_0 及 Z 两点的简单曲线 C。设 $f(z) = u(x,y) + iv(x,y)$ 是在 C 上的连续函数。其中 $u(x,y)$ 及 $v(x,y)$ 是 $f(z)$ 的实部及虚部。把曲线 C 用分点 $z_0, z_1, z_2, \cdots,$ $z_{n-1}, z_n = Z$ 分成 n 段更小的弧（见右图），在这里分点 $z_k(k = 0,1,2,\cdots,n)$ 是在曲线 C 上按从 z_0 到 Z 的次序排列的。在每个弧段上任取一点 $\zeta_k = \xi_k + i\eta_k$，作和式

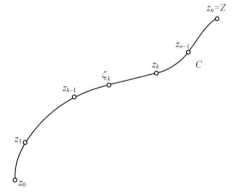

$$\sum_{k=1}^{n} f(\zeta_k)(z_k - z_{k-1})$$

令 $\lambda = \max\limits_{1 \le k \le n}\{|z_k - z_{k-1}|\}$，当 $\lambda \to 0$ 时，若此和式的极限存在，且此极限值不依赖于 $\zeta_k = \xi_k + \mathrm{i}\eta_k$ 的选择，也不依赖于曲线 C 的分法，则就称此极限值为 $f(z)$ 沿曲线 C 的积分。记作

$$\int_C f(z)\,\mathrm{d}z = \lim_{\lambda \to 0}\sum_{k=1}^{n} f(\zeta_k)(z_k - z_{k-1})$$

$f(z)$ 沿曲线 C 的负方向（从 Z 到 z_0）积分，记作 $\int_{C^-} f(z)\,\mathrm{d}z$，$f(z)$ 沿闭曲线 C 的积分，记作 $\oint_C f(z)\,\mathrm{d}z$。"

韩素一头雾水，犹犹豫豫地说："你这个 C 刚才还用来表示一个任意常数咧，怎么到这里又成了曲线了？一个符号代表不同的含义，你不怕读者被你搞错乱吗？再说，这个定义啰里啰唆的，与你前面说的分割、近似、求和、取极限是一致的吗？"

刘云飞调皮地说："这个 C，既用于表示英语单词 Constant，又用于表示单词 Curve，并且都是各自所在场合中的习惯用法，大家都习惯的。这里不巧同时出现了，如果换为其他表示，也会引起读者不舒服，所以这里就遵从习惯，不做变通了，相信读者根据上下文自然能够分辨。至于你说的第二个问题，你第一遍看上去好像不是的，但你再看看，它就是的了。"

韩素追着问道："那你那个 ζ_k 是个什么意思？"

刘云飞道："ζ_k 代表分割后的第 k 个小区间上的任意一点，它的取法会影响到求和的结果，哪怕是在极限（即小区间长度趋于 0）条件下，不同的取法也有可能导致不同的结果。这个定义的意思是说，对任意分割方法、任意的取法，极限都存在且相等的函数才是可积的，否则就是不可积的。"

韩素歪着头想了一会儿，说道："你分割后的区间要趋于零，所以不管怎么取函数值都应该变化不大，即使有少量变化大的，也不会影响结果吧？这是不是意味着所有函数都可积呢？"

刘云飞轻蔑地说道："你觉得区间长度趋于 0 时，函数值之间差别不大，那是你的脑子里只有连续函数的印象。我给你举个例子：

$$f(x) = \begin{cases} 1, & x \text{ 是} [0,1] \text{上的无理数} \\ 0, & x \text{ 是} [0,1] \text{上的有理数} \end{cases}$$

在 $[0,1]$ 上你去分吧，不论你怎么分，小区间再小，里面都既有有理数也有无理数，因此虽然自变量很接近，但因变量之间差距却为 1，这个函数就不是可积的。"

韩素惊讶地睁大了眼睛："你这是个什么函数？哪里来的？"

刘云飞悠悠地说道："虽然我们在自然界中找不到一个现象可以用这个函数来描述，但这不意味着这种函数不可以在数学上存在。正是由于类似这种函数的存在，才使数学理论变得严谨，无懈可击。"

韩素接着问道："那什么样的函数才是可积的呢？是不是也像不定积分那样，需要连续或者存在原函数呢？"

刘云飞说道："这个问题也有很多研究，这里不展开了。工科的学生，记住结论就可以了：有原函数的函数定积分存在，连续函数的定积分存在，有界且只有有限个间断点的函数定积分也存在。"

韩素点了点头说道："好吧，不过我看到，一个复变函数也可以写成 $f(z) = u(x,y) + iv(x,y)$ 的形式，它两边的自变量形式上不一样，怎样定义它关于 z 的定积分呢？"

刘云飞点点头，说道："此时和式

$$\sum_{k=1}^{n} f(\zeta_k)(z_k - z_{k-1})$$

可以写成

$$\sum_{k=1}^{n} \left[u(\xi_k, \eta_k) + iv(\xi_k, \eta_k) \right] \left[(x_k - x_{k-1}) + i(y_k - y_{k-1}) \right]$$

或者

$$\sum_{k=1}^{n} u(\xi_k, \eta_k)(x_k - x_{k-1}) - \sum_{k=1}^{n} v(\xi_k, \eta_k)(y_k - y_{k-1}) +$$

$$i \left[\sum_{k=1}^{n} v(\xi_k, \eta_k)(x_k - x_{k-1}) + \sum_{k=1}^{n} u(\xi_k, \eta_k)(y_k - y_{k-1}) \right]$$

在这里 x_k、y_k 及 ξ_k、η_k 分别表示 z_k 与 ζ_k 的实部与虚部。

按照高等数学中函数的线积分的结果，当曲线 C 上的分点 z_k 的个数无穷增加，且

$$\max_{k=1,2,\cdots,n}\left\{|z_k-z_{k-1}|=\sqrt{(x_k-x_{k-1})^2+(y_k-y_{k-1})^2}\right\}\to 0$$

时，上面的四个式子分别有极限

$$\int_C u(x,y)\,\mathrm{d}x,\int_C v(x,y)\,\mathrm{d}y,\int_C v(x,y)\,\mathrm{d}x,\int_C u(x,y)\,\mathrm{d}y$$

这时，我们说原和式有极限

$$\int_C u(x,y)\,\mathrm{d}x - v(x,y)\,\mathrm{d}y + \mathrm{i}\int_C v(x,y)\,\mathrm{d}x + u(x,y)\,\mathrm{d}y$$

写成定理的形式，就是：

定理 1 若函数 $f(z)=u(x,y)+iv(x,y)$ 沿曲线 C 连续，则 $f(z)$ 沿 C 可积，且有

$$\int_C f(z)\,\mathrm{d}z = \int_C u(x,y)\,\mathrm{d}x - v(x,y)\,\mathrm{d}y + \mathrm{i}\int_C v(x,y)\,\mathrm{d}x + u(x,y)\,\mathrm{d}y$$

积分的意义取决于函数的意义。"

韩素盯着刘云飞不服气地问："复函数的定义域是复平面上的一个区域，为什么你的积分范围不是一个平面区域，而只是一条曲线呢？"

刘云飞眼珠滴溜溜一转，无赖地说："从数学方法上讲，你可以随便选择一个范围，在上面定义一个函数，然后采用分割、近似、求和、取极限的方式定义一种定积分。不过，不是每种积分都有用。在本课程中，积分范围为曲线的积分特别有用，所以我们就讨论它，其他的嘛，你喜欢你就去研究喽！"

一席话噎得韩素无话可说。的确，数学上好多东西都来自于数学家无聊时的灵光一现，那些对人类社会有价值的被扩散、被传承，其余的嘛，真的就是过眼云烟了。

韩弓一看韩素无话可说了，马上接着问道："那复变函数积分的计算呢？是不是也要从高等数学那里找出路呀？"

刘云飞正色道："那当然。高等数学是基础。复变函数定积分的计算最终都要转化为高等数学中的定积分。转化的基本思路，是选择一个恰当的变量，

比如 t，然后分别处理积分三要素：将积分范围转化为 t 的取值区间、将被积函数改写为 t 的函数、将积分微元写为 t 的微分。比如，如果 C 是简单光滑曲线，能够表达成参数方程的形式：$x = \varphi(t)$，$y = \phi(t)$ $(t_0 \leq t \leq T)$，并且 t_0 及 T 相应于 z_0 及 Z，那么 $\int_C u(x,y)\mathrm{d}x$ 中的 C 就可以转化为区间 $[t_0, T]$，$u(x,y)$ 就可以写为 $u(\varphi(t), \phi(t))$，$\mathrm{d}x$ 自然就是 $\mathrm{d}\varphi(t) = \varphi'(t)\mathrm{d}t$，$\int_C u(x,y)\mathrm{d}x$ 就成了

$$\int_{t_0}^{T} u(\varphi(t), \phi(t))\varphi'(t)\mathrm{d}t$$

类似可以转化其他项，最后就有

$$\int_C f(z)\mathrm{d}z$$

$$= \int_C u(x,y)\mathrm{d}x - v(x,y)\mathrm{d}y + \mathrm{i}\int_C v(x,y)\mathrm{d}x + u(x,y)\mathrm{d}y$$

$$= \int_{t_0}^{T} [u(\varphi(t), \phi(t)) + iv(\varphi(t), \phi(t))][\varphi'(t) + \mathrm{i}\phi'(t)]\mathrm{d}t$$

这就转换成为一个定积分。"

韩素盯着这个式子看了一会，突然指着说："你这个积分式的最后这部分 $[\varphi'(t) + \mathrm{i}\phi'(t)]\mathrm{d}t$，不就是 $z'(t)\mathrm{d}t$ 吗？"

刘云飞看了一眼，忙说："对，对。如果把这部分换为 $z'(t)\mathrm{d}t$，前面的部分还用 $f(z)$ 表示，就得到

$$\int_C f(z)\mathrm{d}z = \int_{t_0}^{T} f(z(t))z'(t)\mathrm{d}t$$

如果积分曲线是分段光滑的简单曲线，我们仍然可以得到这些结论。"

韩弓恍然大悟地说道："哦，原来是这样。定义曲线上的复函数积分，为的就是能用平面上曲线积分的方法来计算这个复积分。"

刘云飞说："不全是这个因素，的确是需求的问题。我们会做这种形式的积分就够了，更复杂的复积分留给专业的人去研究好了。例如，对卖菜的大妈来说，学会加减乘除就可以了，微分积分这些运算虽然好，但对她无用，也就没有必要非要她知道，这就叫学为中心。"

韩素若有所思地点了点头，说道："也是。让学生在不到 30 年的学习过程中掌握人类几千年积累的知识，还要有什么能力、素质，的确很难。"

韩弓有点不耐烦，说道："我听说对一些数学运算，研究一下它的性质不仅可以加深理解，而且还可以简化运算，不知是不是？"

刘云飞骄傲地说："这个自然。对复积分，它的性质可以这样表述：

设 $f(z)$ 及 $g(z)$ 都在简单曲线 C 上连续，则有：

（1）$\int_C \alpha f(z)\mathrm{d}z = \alpha \int_C f(z)\mathrm{d}z$，其中 α 是一个复常数；

（2）$\int_C [f(z) + g(z)]\mathrm{d}z = \int_C f(z)\mathrm{d}z + \int_C g(z)\mathrm{d}z$；

（3）$\int_C f(z)\mathrm{d}z = \int_{C_1} f(z)\mathrm{d}z + \int_{C_2} f(z)\mathrm{d}z + \cdots + \int_{C_n} f(z)\mathrm{d}z$。

其中曲线 C 是由光滑的曲线 $C_1, C_2, \cdots, C_n$ 连接而成的；

（4）$\int_{C^-} f(z)\mathrm{d}z = -\int_C f(z)\mathrm{d}z$，

其中如果曲线用方程 $z=z(t)(t_0 \leq t \leq T)$ 表示，那么曲线 C^- 就由

$$z=z(-t)(-T \leq t \leq -t_0)$$

给出，即积分是在相反的方向上取的。

如果 C 是一条简单闭曲线，那么可取 C 上任意一点作为取积分的起点，而且积分方向改变时，所得积分结果相应变号。

（5）$\left| \int_C f(z)\mathrm{d}z \right| \leq \int_C |f(z)| |\mathrm{d}z| = \int_C |f(z)| \mathrm{d}s$。

性质（1）称为齐次性，先乘常数再积分和先积分再乘常数结果一样，即积分与数乘运算可交换，性质（2）称为关于被积函数的可加性，这两个性质也可以合并表示为

$$\int_C [af(z) + bg(z)]\mathrm{d}z = a\int_C f(z)\mathrm{d}z + b\int_C g(z)\mathrm{d}z$$

其中 a、b 是任意复常数。齐次、可加合称为线性，也可以说成是'积分与线性组合运算可交换'，意思是先做线性组合再做积分和先做积分再做线性组合结果一样。线性这个性质虽然看起来很简单，但却非常有用，很多时候我们都

在不知不觉中使用着线性。

性质（3）称为关于积分区域的可加性，性质（4）称为积分的有向性，性质（5）称为积分不等式。"

韩素点点头说："这些性质好像都很好理解，也没有什么特殊性，证明应该不难吧？"

刘云飞说："证明只需要用积分定义式，利用极限运算和乘法运算的相应性质就可以了。现在你能理解学好极限有多么重要了吧！"

韩素话题一转："我觉得积分运算衡量的是一种累加作用，而且计算的时候难度也可能比较大。但在工程上，有时候我们并不需要知道某种累加作用的精确值，能给出大体范围就差不多了，那有没有不用计算积分精确值，只估计积分值范围的理论成果呢？"

刘云飞得意扬扬地说："当然有当然有，这就是：

定理 2（积分估值定理）　如果在曲线 C 上有定义的函数 $f(z)$ 满足 $|f(z)| < M$，且连续，而 L 是曲线 C 的长度，其中 M 及 L 都是有限的正数，那么有

$$\left| \int_C f(z)\,\mathrm{d}z \right| \leqslant ML$$

证明也是利用了积分的定义，因为

$$\left| \sum_{k=1}^{n-1} f(\zeta_k)(z_{k+1} - z_k) \right| \leqslant M \sum_{k=1}^{n-1} |z_{k+1} - z_k| \leqslant ML$$

两边取极限即可得结论。

这里特别指出，如果 C 是闭曲线，即 $Z = z_0$，那么积分就是零。这个结论从数学上看似很简单，表面上看意义也很明确：函数在曲线上转了一圈又回到起点，积分结果自然就是零了，但实际上不是这样！看下一个例子：

设 C 是圆 $|z-\alpha| = \rho$，其中 α 是一个复数，ρ 是一个正数，那么按逆时针方向所取的积分

$$\int_C \frac{\mathrm{d}z}{z - \alpha} = 2\pi \mathrm{i}$$

从数学上证明这个式子并不难。令 $z-\alpha = \rho \mathrm{e}^{\mathrm{i}\theta}$，则有

$$\mathrm{d}z = \rho \mathrm{i} \mathrm{e}^{\mathrm{i}\theta} \mathrm{d}\theta$$

这样
$$\int_C \frac{dz}{z - \alpha} = \int_0^{2\pi} id\theta = 2\pi i$$

这个函数$\frac{1}{z-\alpha}$在圆上转了一圈又回到起点，但结果并不为零。原因在于这个圆的内部有一个点$z = \alpha$，被积函数$\frac{1}{z-\alpha}$在这一点不解析。可是，同样对$\frac{1}{(z-\alpha)^n}(n \neq 1)$，这个积分$\int_C \frac{dz}{(z-\alpha)^n}$又为零了，因为

$$\int_C \frac{dz}{(z - \alpha)^n} = \int_0^{2\pi} \frac{ie^{-(n-1)\theta}}{\rho^{n-1}}d\theta = 0 \quad (n \neq 1)$$

是不是很奇妙？但无论如何，我们也看到，这两个积分结果与圆的半径ρ没有关系，大小都无所谓。由此我们得到这样一个印象，封闭曲线上的复积分与积分路径无关，这一点很重要，后面要考哦！"

刘云飞调皮地一笑。

看着刘云飞那故弄玄虚的样子，柯西忍不住了，不满地说："你在这卖什么关子，我用一个定理就把这事说明白了。"

众人一愣，都定定地看着柯西，要看他有什么花样。

欲知后事，请看下回。

第十三回
解析围线积分零　柯西定理初奠基

阅读提示：复变函数中积分法是研究复变函数性质的重要方法和解决实际问题的有力工具。本回给出的柯西积分定理不仅是探讨解析函数性质的理论基础，而且在以后的章节中经常要用到。

柯西在众人关注的目光中，写下了柯西积分定理。

定理　设 $f(z)$ 是单连通区域 D 上的解析函数，C 是 D 内任一条简单闭曲线（周线），那么

$$\int_C f(z)\,\mathrm{d}z = 0$$

其中，沿曲线 C 的积分是按逆时针方向取的。

韩素一看，说道："柯老师把刘老师刚才的那个例子给一般化了。能从理论上证明吗？"

柯西"哼"了一声说："当然能。不过就算我把证明过程写出来，也没有几个人能看得懂。"

刘云飞也说："没有证明过程，总让人觉得不太踏实呀。"

正纠结间，黎曼说话了："这样吧，加上一个 '$f'(z)$ 在 D 上连续' 的条件，我就可以提供一个简单的证明：

设 $z = x + \mathrm{i}y$，$f(z) = u(x, y) + \mathrm{i}v(x, y)$，则有

$$\int_C f(z)\,\mathrm{d}z = \int_C u(x,y)\,\mathrm{d}x - v(x,y)\,\mathrm{d}y + \mathrm{i}\int_C v(x,y)\,\mathrm{d}x + u(x,y)\,\mathrm{d}y$$

由 $f'(z)$ 在 D 上连续，知 $f(z)$ 在 D 上解析，从而 u_x、u_y、v_x、v_y 在 D 上连续，并且满足柯西-黎曼方程

$$\frac{\partial u}{\partial x} = \frac{\partial v}{\partial y}, \quad \frac{\partial u}{\partial y} = -\frac{\partial v}{\partial x}$$

由高等数学中曲线积分的格林公式，得

$$\int_C u(x,y)\,\mathrm{d}x - v(x,y)\,\mathrm{d}y = \iint_D \left(-\frac{\partial v}{\partial x} - \frac{\partial u}{\partial y} \right)\mathrm{d}x\mathrm{d}y = 0$$

$$\int_C v(x,y)\,\mathrm{d}x + u(x,y)\,\mathrm{d}y = \iint_D \left(\frac{\partial u}{\partial x} - \frac{\partial v}{\partial y} \right)\mathrm{d}x\mathrm{d}y = 0$$

这就得到了

$$\int_C f(z)\,\mathrm{d}z = 0$$

定理得证。"

韩素伸头一看："哪里又冒出来了个格林公式？"

刘云飞抢着答道："格林公式是高等数学中的公式，它把平面上封闭曲线上的曲线积分转化为曲线所围平面区域上的二重积分，不知道的可以去找一本《高等数学》教材看一下。"

韩素瞪了他一眼，没有说话。

古萨[⊖]撇着嘴对黎曼说："你这个证明不咋高明，又是把复函数积分写成实函数，又是应用格林公式，还添加了被积函数导函数连续的条件，太苛刻了吧。我有一个证明，它无须将 $f(z)$ 分为实部与虚部，也不要 $f'(z)$ 在 D 上连续，这样就不必在柯西定理中假设 $f'(z)$ 在 D 上连续。"

黎曼斜着眼看了一眼古萨，说道："你的那个证明又臭又长又复杂，拿去给数学系的学生学习还差不多。对工科学生来说，知道、信服并能使用数学结

⊖ 古萨（Goursat，1858—1936），法国数学家。生于洛特省兰萨茨（Lan-zac），卒于巴黎。他于 1900 年在《关于柯西解析函数的一般定义》一文中，改进了柯西解析函数的定义，得到了"柯西-古萨定理"。他又是一个出色的教师，以讲学清晰、严谨和计划性强而见长。他编著的《数学分析教程》曾多次印刷，并被译为多国（包括中国）文字，被广泛采用为高校教材。

论就足够了。"

古萨想想也是，但也不甘心就这样退出，就强词夺理地说："我的工作的意义还在于，在单连通区域上，函数解析等价于它在区域内任意简单闭曲线上的积分为零，这样就可以给出解析函数的另一个定义。"

左右一看，没有什么人理他，恨恨地一跺脚，转身离去。

这边刘云飞眼珠一转，说："我可以看出来，如果 C' 为 D 内的任意一条简单闭曲线，则 $\int_{C'} f(z)\,\mathrm{d}z = 0$。不一定要正向哦！"

柯西朝他翻了翻眼："这不明摆着吗？还要你说？"

刘云飞嬉皮笑脸地说："刷个存在感嘛！呵呵。"

柯西微微一笑说道："不过下面这个结论是有用的：设 C 是在 D 内连接 z_0 及 Z 两点的任一条简单曲线，那么沿 C 从 z_0 到 Z 的积分值由 z_0 及 Z 所确定，而不依赖于曲线 C，这时，积分记为

$$\int_{z_0}^{Z} f(\zeta)\,\mathrm{d}\zeta \text{ 。"}$$

刘云飞收起笑容，说道："哎，这个结论我也能证明。设 C_1 是在 D 内连接 z_0 及 Z 两点的另一条简单曲线，则 $C' = C + C_1$ 是 D 内的一条简单闭曲线，根据刚才的定理，有

$$\int_{C'} f(z)\,\mathrm{d}z = 0$$

而

$$\int_{C'} f(z)\,\mathrm{d}z = \int_{C + C_1^-} f(z)\,\mathrm{d}z$$

$$= \int_{C} f(z)\,\mathrm{d}z + \int_{C_1^-} f(z)\,\mathrm{d}z = \int_{C} f(z)\,\mathrm{d}z - \int_{C_1} f(z)\,\mathrm{d}z$$

所以定理的结论成立。对不对？"

柯西朝刘云飞竖起了大拇指："对的对的，就是这个意思。有了这个积分与路径无关性，复函数的定积分就更好计算了，定义在复杂曲线上的定积分可以转化为简单曲线上的定积分。比如要算某解析函数在下面左图所示曲线上的积分，就可以依据这个定理，把它转化为下面右图折线上的积分，把一个二元

积分，轻松地转化为两个定积分的计算。反正与路径无关，只要起点和终点给定，就可以选择最方便的路径，这样就大大简化了积分计算。"

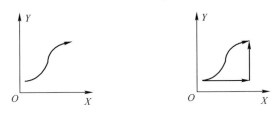

柯西缓了一口气，继续说道："需要特别注意的是，这里函数的解析性这个条件非常重要。如果不满足解析性，那这个积分与路径无关的结论就不一定能成立，例如，对函数 $f(z) = \bar{z}$，

$$C_1 : \begin{cases} x(t) = t \\ y(t) = t \end{cases}, \quad 0 \leqslant t \leqslant 1, \quad C_2 : \begin{cases} x(t) = t \\ y(t) = t^2 \end{cases}, \quad 0 \leqslant t \leqslant 1$$

我们来算一下积分 $\int_{C_1} f(z)\,\mathrm{d}z$，$\int_{C_2} f(z)\,\mathrm{d}z$，根据前面的公式，得

$$\int_{C_1} f(z)\,\mathrm{d}z = \int_{C_1} x\mathrm{d}x + y\mathrm{d}y + \mathrm{i}\int_{C_1} -y\mathrm{d}x + x\mathrm{d}y = \int_0^1 (t+t)\,\mathrm{d}t + \mathrm{i}\int_0^1 (-t+t)\,\mathrm{d}t = 1$$

$$\int_{C_2} f(z)\,\mathrm{d}z = \int_{C_2} x\mathrm{d}x + y\mathrm{d}y + \mathrm{i}\int_{C_2} -y\mathrm{d}x + x\mathrm{d}y = \int_0^1 (t+2t^3)\,\mathrm{d}t + \mathrm{i}\int_0^1 (-t^2+2t^2)\,\mathrm{d}t = 1 + \frac{\mathrm{i}}{3}$$

二者并不相等，也就是说，这个积分是与路径相关的。"

刘云飞肯定地点点头，说道："这是因为函数 $f(z) = \bar{z}$ 不解析，所以解析这个条件特别重要。"

尽管柯西内心里比较反感这个只知道顺杆儿爬的墙头草，但觉得表面上还是要给刘云飞以鼓励，就很夸张地说道："是的是的，解析性很重要。"

刘云飞受到鼓励，开心地问道："按照这一结论，对解析函数 $f(z)$ 和固定的点 z_0，因为与积分路径无关，将 Z 看成是任意的 z，是不是就确定了一个关于 z 的函数？"

柯西赞许地点了点头，说道："嗯，这就是 $f(z)$ 的变上限积分，也就是 $f(z)$ 的一个原函数，把这个结论形式化，就得到：

设 $f(z)$ 是单连通区域 D 的解析函数，那么 $f(z)$ 在 D 内有原函数 $F(z)$，并

且成立 $\int_{z_0}^{z} f(z)\,\mathrm{d}z = F(z) - F(z_0)$，由此，我们就可以用原函数求解析函数的积分。"

刘云飞一看到这个式子，马上激动地大叫："哎呀！这不是那个著名的牛顿-莱布尼茨公式嘛！这么说复变函数范围里这个公式也成立？"

柯西白了一眼刘云飞："你瞎激动什么！很多时候，单从符号上看，复数 z 和实数 x 没有啥区别，很多公式都是可以直接搬过来的。以后你碰到复数域里的问题，也可以从实数域里搬公式，先搬来再验证，这也是解决问题的一个不错的思路。"

被柯西教训了一顿，刘云飞也没有觉得有啥不好意思，毕竟人家是前辈，大好几百岁呢！刘云飞笑了笑，忽然话锋一转，说道："刚才的结论都反复强调积分区域是单连通的，但这个条件好像没有看见使用，那能不能去掉呢？"

柯西正色道："区域的单连通性不能直接去掉。虽然在前面结论的证明中没有明显用到单连通性，但其实暗含了这一条件，即区域内任意两点都可以由完全包含于区域的曲线相连。这是前面我们能随意说曲线的底气。"

刘云飞问道："那如果积分区域不是单连通的，又该怎么办呢？"

柯西回答道："那我们可以把定理推广到多连通区域。

设有 $n+1$ 条简单闭曲线 $C_0, C_1, \cdots, C_n$，曲线 $C_1, \cdots, C_n$ 中每一条都在其余曲线的外区域内，而且所有这些曲线都在 C_0 的内区域，$C_0, C_1, \cdots, C_n$ 围成一个有界多连通区域 D，D 及其边界构成一个闭区域 $\overline{D}$。设 $f(z)$ 在 $\overline{D}$ 上解析，那么令 C 表示 D 的全部边界，我们有

$$\int_C f(z)\,\mathrm{d}z = 0$$

其中积分是沿 C 按关于区域 D 的正向取的。即沿 C_0 按逆时针方向，沿 $C_1, \cdots, C_n$ 按顺时针方向取积分；或者说当点沿着 C 按所选定取积分的方向运动时，区域 D 总在它的左侧。因此

$$\int_C f(z)\,\mathrm{d}z = \int_{C_0} f(z)\,\mathrm{d}z + \int_{C_1^-} f(z)\,\mathrm{d}z + \cdots + \int_{C_n^-} f(z)\,\mathrm{d}z = 0$$

也即

$$\int_{C_0} f(z)\,dz = \int_{C_1} f(z)\,dz + \cdots + \int_{C_n} f(z)\,dz$$

上面规定区域 D 的方向称为正向，以后，我们总是规定取正向，除非另有说明。

证明： 我们用弧 $s_1, s_2, \cdots, s_{n+1}$ 按下图所示将区域 D 分割成两个单连通域，C'、C'' 分别表示这两个单连通域的边界线。"

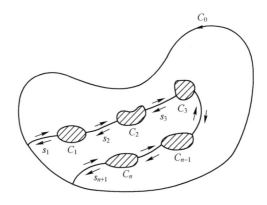

看到韩弓疑惑的目光，刘云飞调皮地一笑："看到了吧，区域是多连通的，就相当于有多个洞。那我们就可以用一把剪刀，连续地剪开每一个洞，C'、C'' 就是剪刀的两边走过的路线，这样最后得到的就是连通区域了，是不是很神奇？"看到韩弓苦笑着摇了摇头，柯西继续说道："现在根据柯西定理有

$$\int_{C'} f(z)\,dz = 0, \quad \int_{C''} f(z)\,dz = 0$$

从而

$$\int_{C'} f(z)\,dz + \int_{C''} f(z)\,dz = 0$$

由于沿弧 $s_1, s_2, \cdots, s_{n+1}$ 的积分在沿 C' 和 C'' 的积分中各出现一次，且互为反方向，故在上式左端的积分中它们相互抵消，形成了

$$\int_{C'} f(z)\,dz + \int_{C''} f(z)\,dz = \int_C f(z)\,dz$$

所以 $\int_C f(z)\,\mathrm{d}z = 0$。

定理得证。"

韩弓想了一会儿，肯定地点了点头。

柯西看看大家都没有什么异议了，就接着说："定理中的 $\int_C f(z)\,\mathrm{d}z = 0$ 也可写成

$$\int_{C_0} f(z)\,\mathrm{d}z = \left(\int_{C_1} + \int_{C_2} + \cdots + \int_{C_n}\right) f(z)\,\mathrm{d}z$$

特别地，当 D 的内线路只有一条线路 C_1 时，

$$\int_{C_0} f(z)\,\mathrm{d}z = \int_{C_1} f(z)\,\mathrm{d}z$$

这就是说，在区域上解析的函数沿闭曲线的积分，不因闭曲线在区域内作连续变形而改变它的值。这个事实称为闭路变形原理。"

看到柯西松了一口气，刘云飞马上问道："多连通区域上的定积分问题解决了，那不定积分呢？考虑不定积分时，是不是也像刚才那样，将多连通区域剪成单连通区域？"

柯西想了一下，说："不是的。设 $f(z)$ 是多连通区域 D 的解析函数。在 D 内作连接 z_0 及 z 两点的任一条简单曲线。在某两条这样的曲线所包成的闭区域上，$f(z)$ 可能不解析，因此不能应用柯西定理，所以 $f(z)$ 沿这两条曲线的积分可能不相等。假定这两个积分不相等，那么函数

$$F(z) = \int_{z_0}^{z} f(\zeta)\,\mathrm{d}\zeta$$

就是多值的。

可是当 z 属于包含在 D 内的某一单连通区域 D' 时，取曲线如下：从 z_0 沿一个固定的简单曲线到 D' 内一点 z_1，然后从 z_1 沿在 D' 内一条简单曲线到 z。沿这种曲线取积分所得的函数 $F(z)$ 在 D' 内解析。改变从 z_0 到 z_1 的曲线，我们能够得到不同的解析函数；它们是 $F(z)$ 在 D' 内的不同解析分支。这样说太抽象了，举个例子给你看吧。

例： 在圆环 $D: R_1 < |z| < R_2 (0 < R_1 < R_2 < +\infty)$ 内，$f(z) = \dfrac{1}{z}$ 解析，在 D 内取定

两点 z_0 及 z_1。作连接 z_0 及 z_1 的两条简单曲线 C_1 及 C_2，如右图所示，取定 $\mathrm{Arg}\,z$ 在 z_0 的值为 $\arg z_0$。当 z 沿 C_1 从 z_0 连续变动到 z_1 时，z 的辐角从 $\arg z_0$ 连续变动到 $\arg z_1$。于是当 z 沿 C_2 从 z_0 连续变动到 z_1 时，z 的辐角从 $\arg z_0$ 连续变动到 $\arg z_1 - 2\pi$。

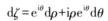

现在求 $\dfrac{1}{\zeta}$ 沿 C_1 的积分。令 $\zeta = \rho e^{i\theta}$，则

$$d\zeta = e^{i\theta}d\rho + i\rho e^{i\theta}d\theta$$

从而

$$\int_{C_1} \frac{d\zeta}{\zeta} = \int_{C_1} \frac{d\rho}{\rho} + i\int_{C_1} d\theta$$
$$= \ln|z_1| - \ln|z_0| + i(\arg z_1 - \arg z_0)$$
$$= \ln z_1 - \ln z_0$$

同样求得

$$\int_{C_2} \frac{d\zeta}{\zeta} = \ln z_1 - \ln z_0 - 2\pi i$$

这样，在含 z_1 的一个单连通区域 Δ（在 D 内）内，相应于 C_1 及 C_2，多值函数

$$F(z) = \int_{z_0}^{z} \frac{d\zeta}{\zeta}$$

有两个不同的解析分支

$$\int_{C_k} \frac{d\zeta}{\zeta} + \int_{z_1}^{z} \frac{d\zeta}{\zeta} = \ln z_1 - \ln z_0 + \int_{z_1}^{z} \frac{d\zeta}{\zeta} - 2(k-1)\pi i \quad (k = 1, 2)$$

相应于连接 z_0 及 z_1 的其他曲线，还可得到 $F(z)$ 在 D 内的其他解析分支。"

韩素突然吃吃吃地笑了起来。

刘云飞不明就里，这家伙一直是七个不服八个不忿的态度，这会儿怎么就笑了起来呢？就问："你笑什么？"

韩素笑嘻嘻地说："我突然发现你们这个复积分很好玩。你看啊，求导和求积分，本来是一对互逆的运算，可你看看，你们偏说，对解析函数，积分路径无关，把可导性作为积分特性的条件，是不是很滑稽？呵呵。"

柯西不以为然地耸了耸肩："切！这有什么好笑？虽然求导和积分称得起是互逆运算，但它们不是对立的，它们的共同点是对函数都有一些要求，这里，解析性这个条件只不过是用来刻画函数的特性而已，后面我们还会用积分来研究函数的解析性，这都很正常啊！我先给你一个引理。"

引理　设 $f(z)$ 是区域 D 内的连续函数，并且在 D 内有原函数 $F(z)$。如果 α，$\beta \in D$，并且 C 是 D 内连接 α、β 的一条曲线，那么

$$\int_C f(z)\,\mathrm{d}z = F(\beta) - F(\alpha)$$

此引理说明，如果某一个区域内的连续函数有原函数，那么它沿这个区域内曲线的积分可以用原函数来计算，这是微积分牛顿-莱布尼茨公式的推广；再有，这个积分值只与曲线的起点和终点有关，而与积分路径无关。怕你们不服气，我来写个证明吧。

证明：如果曲线 C 是光滑曲线

$$z = z(t)\,(a \leqslant t \leqslant b)\,,z(a) = \alpha,z(b) = \beta$$

那么有

$$\int_C f(z)\,\mathrm{d}z = \int_a^b F'(z(t))z'(t)\,\mathrm{d}t$$

即

$$\int_C f(z)\,\mathrm{d}z = F(z(t))\,\big|_a^b = F(z(a)) - F(z(b))$$

$$= F(\beta) - F(\alpha)$$

如果曲线是分段光滑的曲线，那么分段计算，也可以证明结论成立。

"解析！解析！"半天没有吱声的韩弓突然发起了牢骚："哪有那么多的解析？如果函数有一两个点不解析，那就不能做积分了吗？"

面对突然不开心的韩弓，不知众人该如何应对。欲知后事，请看下回。

第十四回
积分公式连微积　大道至简数柯西

阅读提示： 本回内容紧接上回，叙述柯西积分公式和柯西高阶导数公式，介绍由柯西创立的复函数分析方法。

柯西不满地望了一眼韩弓，刚想说话，刘云飞忙低声提醒说："这是韩素的师弟。"柯西一想，在人家的地盘上，不好太失礼，就耐着性子说道："嗯，这位兄弟说得很对。不瞒你说，我当年也考虑过你说的这个问题。我是从最简单的情况，也就是只有一个奇点的情况开始考虑的，这类函数的一般形式，也就是最简单形式，可以表示成 $\dfrac{f(z)}{z-z_0}$，这里 $f(z)$ 解析，z_0 是奇点。

设 $f(z)$ 在以圆 $C: |z-z_0|=\rho_0 (0<\rho_0<+\infty)$ 为边界的闭圆盘上解析，$f(z)$ 沿 C 的积分为零。考虑积分

$$I = \int_C \frac{f(z)}{z-z_0}\mathrm{d}z$$

我发现：

（1）被积函数在 C 上连续，积分 I 必然存在；

（2）在上述闭圆盘上 $\dfrac{f(z)}{z-z_0}$ 不解析，I 的值不一定为 0，例如刚才刘云飞给出的，当 $f(z) \equiv 1$ 时，$I = \int_C \dfrac{1}{z-z_0}\mathrm{d}z = 2\pi\mathrm{i}$。

进一步，我考虑了 $f(z)$ 为一般解析函数的情况。作以 z_0 为圆心、以 $\rho(0<\rho<\rho_0)$ 为半径的圆 C_ρ，则由积分的路径无关性，得

$$\int_C \frac{f(z)}{z-z_0}\mathrm{d}z = \int_{C_\rho} \frac{f(z)}{z-z_0}\mathrm{d}z$$

因此，I 的值只与 $f(z)$ 在点 z_0 附近的值有关。令 $z-z_0=\rho\mathrm{e}^{\mathrm{i}\theta}$，则有

$$I = \mathrm{i}\int_C f(z_0 + \rho\mathrm{e}^{\mathrm{i}\theta})\,\mathrm{d}\theta$$

由于 I 的值只与 $f(z)$ 在点 z_0 附近的值有关，与 ρ 无关，由 $f(z)$ 在点 z_0 的连续性，应该有 $I=2\pi\mathrm{i}f(z_0)$，即

$$f(z_0) = \frac{1}{2\pi\mathrm{i}}\int_C \frac{f(z)}{z-z_0}\mathrm{d}z$$

事实上，当 ρ 趋近于 0 时，有

$$\int_C \frac{f(z)}{z-z_0}\mathrm{d}z = f(z_0)\int_{C_\rho} \frac{1}{z-z_0}\mathrm{d}z + \int_{C_\rho} \frac{f(z)-f(z_0)}{z-z_0}\mathrm{d}z$$

由 $f(z)$ 在点 z_0 的连续性，$\forall\varepsilon>0$，$\exists\delta>0(\delta\leqslant\rho_0)$，使得当 $0<\rho<\delta$，$z\in C_\rho$ 时，$|f(z)-f(z_0)|<\varepsilon$，因此

$$\left|\int_{C_\rho} \frac{f(z)-f(z_0)}{z-z_0}\mathrm{d}z\right| \leqslant \frac{\varepsilon}{\rho}2\pi\rho = 2\pi\varepsilon$$

即当 ρ 趋近于 0 时，上式右边的第二个积分趋近于 0。

其实这个结论大家从直观上也能看得出来，之所以用定义写得这么啰唆，其实就是为了显示严谨性。

这样就得到

$$\int_C \frac{f(z)}{z-z_0}\mathrm{d}z = f(z_0)\int_{C_\rho} \frac{1}{z-z_0}\mathrm{d}z = 2\pi\mathrm{i}f(z_0)$$

从而结论成立。"

韩弓突然放声大笑："呵呵呵，呵呵呵，这么明显的漏洞都看不明白，什么世纪大数学家，不过如此嘛！"

柯西被他笑得莫名其妙，忙不迭地问道："怎么啦？你是看出什么破绽了吗？"

韩弓收敛了笑容，说道："好吧，我给你个函数 $f(z)$，它在全平面解析，然后有两个圆 $C_1 : |z-1-i| = 1$，$C_2 : |z-4-4i| = 3$，两个积分

$$\int_{C_1} \frac{f(z)}{z-1-i} dz, \quad \int_{C_2} \frac{f(z)}{z-1-i} dz$$

它们的值各是多少呢？"

柯西看了一眼，说道："第一个积分应用刚才的公式，很容易看出是 $2i\pi f(1+i)$，第二个积分，根据解析性，积分值就是 0 呀！"

韩弓哼哼冷笑道："我不需要听你讲什么理由。你好好看看，这两个积分，被积函数一样，积分微元一样，积分区域都是半径为 1 的圆，你说它们的结果有这么大差别，说到哪里都说不过去。"

看着这个粗鲁又无知的韩弓，柯西不怒反笑："好吧，我画个图再跟你说吧！"

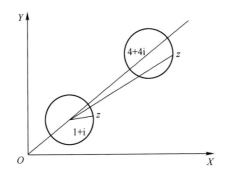

柯西画出了上图，指着图对众人说道："大家都来看看吧。对积分 $\int_{C_1} \frac{f(z)}{z-1-i} dz$，当积分变量 z 在 C_1 上取值时，几何上看，z 满足的方程可以表示为 $z-1-i = e^{i\theta}$，$0 \leqslant \theta \leqslant 2\pi$，$dz = ie^{i\theta} d\theta$，原积分就可以转化为 $\int_{C_1} \frac{f(z)ie^{i\theta}}{e^{i\theta}} d\theta = \int_0^{2\pi} f(1+i)id\theta = 2\pi i f(1+i)$，这里考虑到，圆 C_1 的半径趋于 0 时，$f(z)$ 的极限就是 $f(1+i)$，"柯西停顿了一下，等众人都点头认可了他的结论后，微笑着接着说："而对积分 $\int_{C_2} \frac{f(z)}{z-1-i} dz$，当积分变量 z 在 C_2 上取值时，几何上看，z 满足

的方程应该表示为 $z-4-4i=e^{i\theta}$，$0 \le \theta \le 2\pi$，$dz=ie^{i\theta}d\theta$，原积分就可以转化为

$$\int_{C_2} \frac{f(z)\,ie^{i\theta}}{3+3i+e^{i\theta}}d\theta = \int_0^{2\pi} \frac{f(4+4i)}{3+3i+e^{i\theta}}de^{i\theta} = f(4+4i)\text{Ln}(3+3i+e^{i\theta})\Big|_0^{2\pi} = 0$$

这里同样考虑了，圆 C_2 的半径趋于 0 时，$f(z)$ 的极限就是 $f(4+4i)$。"

众人都看明白了，韩弓自然也明白了，他不禁为自己的唐突羞愧地低下了头。

刘云飞调皮的心又躁动了起来："哎，哎，要是还有个圆 C_3，它正好经过点 1+i，那积分 $\int_{C_3} \frac{f(z)}{z-1-i}dz$ 的值又是多少呢？"

柯西瞪了刘云飞一眼："就你调皮！不过我喜欢！这不很明显吗？由于 z 在圆上取值，此时被积函数在 1+i 会成为无穷，此积分成为广义积分，这部分内容不在本课程中考虑了。另一方面，我们也可以以 1+i 为圆心画一个小圆，把这个小圆的圆周分为两部分，如下图所示。

看到没有？这样积分区域可以分为两种情况：奇点在和不在曲线所围的区域内，结果自然一个是 0，一个是 $2i\pi f(1+i)$，不相等，但显然，小圆半径趋于 0 时，这两种情况下的极限都是原积分 $\int_{C_3} \frac{f(z)}{z-1-i}dz$，因此可知，这个积分值不存在，也就是不可积。"

刘云飞狡猾地说："你这样拼接以后，积分曲线就不是圆了呀！"

柯西宽容地笑笑说道："你别急呀。我的这个结论对是不是圆的曲线都成立，马上给你一个定理。现在先回到刚才那个积分公式。它也被后人称为柯西积分公式。它是说如果函数 $f(z)$ 在 C 及 C 所围的区域内解析，那么 $f(z)$ 在 C 内任一点 z_0 的值由 $f(z)/(z-z_0)$ 在 C 上的积分值完全确定，人家都是函数值确定积分值，这里却反其道而行之，由积分值确定函数值，是不是很奇妙？"

柯西望了一眼刘云飞，接着说道："当积分曲线不是圆时，结论也是成立

的，这就是下面的定理。

定理 1 设 D 是以有限条简单闭曲线 C 为边界的有界区域。设 $f(z)$ 在 D 及 C 所组成的闭区域 $\overline{D}$ 上解析，那么在 D 内任一点 z，有

$$f(z) = \frac{1}{2\pi i} \int_C \frac{f(\zeta)}{\zeta - z} \mathrm{d}\zeta$$

其中，沿曲线 C 的积分是按逆时针方向取的，我们称它为柯西公式。

这个定理的证明，就用到了解析函数积分的路径无关性。

证明：设 $z \in D$，显然函数在 $\frac{f(\zeta)}{\zeta - z}$ 满足 $\zeta \in \overline{D}, \zeta \neq z$ 的点 ζ 处解析。以 z 为圆心，作一个包含在 D 内的圆盘，设其半径为 ρ，边界为圆 C_ρ。在 $\overline{D}$ 上，挖去以 C_ρ 为边界的圆盘，余下的点集是一个闭区域 $\overline{D}_\rho$。在 $\overline{D}_\rho$ 上，ζ 的函数 $f(\zeta)$ 以及 $\frac{f(\zeta)}{\zeta - z}$ 解析，所以有

$$\int_C \frac{f(\zeta)}{\zeta - z} \mathrm{d}\zeta = \int_{C_\rho} \frac{f(\zeta)}{\zeta - z} \mathrm{d}\zeta$$

其中，沿曲线 C 的积分是按关于 D 的正向取的，沿 C_ρ 的积分是按逆时针方向取的。因此，结论成立。"

"等一下。"刘云飞突然神色凝重地说："我发现一个令人难以置信的现象。"

柯西等众人疑惑地望着刘云飞："怎么了？"

"你们看看这个式子。"刘云飞重重地点了点等式

$$f(z) = \frac{1}{2\pi i} \int_C \frac{f(\zeta)}{\zeta - z} \mathrm{d}\zeta$$

这里，$f(\zeta)$ 在一个包围了 z 的区域边界上取值，现在，把 $f(z)$ 看成是未知的抽象函数，那这个式子是不是就意味着，对于某些有界闭区域上的解析函数，它在区域内任一点所取的值可以用它在边界上的值表示出来？进一步联想下去，假设对一个现象，它本身是不可观测的，但它的外围是可测的，那这个式子意味着，我们可以通过对外围的观测实现内部的观测，更具体地说，就比方一团熊熊燃烧的火焰，我们可以很轻松地测量出它周围的温度，如果假设它的温度

函数是解析的，那么，火焰内部任一点的温度就可以计算出来了。"

柯西严肃地问道："怎么才能证明火焰的温度函数是解析的？"

刘云飞不好意思地说道："我也不知道。不过作为工程师，我们并不先去证明它解析，直接算就是了，虽然可能不那么精准，但总算有个结果你说是不是？网上有人说，太阳内部的温度高达约 2000 万℃，大约就是这么算的吧！呵呵！"

柯西皱了一下眉，说道："太阳上的温度肯定是算出来的，是不是按你说的这种方法算的，那就不知道了。对了，你说什么，什么网？"

刘云飞知道解释不清楚，尴尬地笑笑，没有说话。

韩素忙不迭插嘴："这个式子可能还存在着更大的意义，就是它在理论上昭示，在一定条件下系统的内部特征可以由其外部表现推断。"

韩弓不耐烦了，这都啥呀！越扯越远了。他不以为然地大声喊道："行啦行啦，跑偏了吧？本来是研究不解析函数的积分的，怎么烧起大火来了？"

柯西忍不住笑了："呵呵，的确，很多时候我们走着走着就忘了初心。你说得对，当年我也是这样的，一开始关心的是求有一个奇点的函数的积分，这不导出了上面那个公式，我觉得很有意思，就想既然 z 处的函数值可以由其所在区域周边的函数值来决定，那它的导函数值呢，有没有类似的结论呢？你别说，还真给我发现了。"

众人一听："啊?！有这么神奇么？快说来听听！"

柯西不慌不忙，给出了如下的结论。

定理 2　设 D 是以有限条简单闭曲线 C 为边界的有界区域。设 $f(z)$ 在 D 及所组成的闭区域 $\overline{D}$ 上解析，那么 $f(z)$ 在 D 内有任意阶导数

$$f^{(n)}(z) = \frac{n!}{2\pi\mathrm{i}} \int_C \frac{f(\zeta)}{(\zeta - z)^{n+1}} \mathrm{d}\zeta \quad (n = 1, 2, 3, \cdots)$$

众人一看，哇！这个结论厉害了！它不仅表明了解析函数都是无穷阶可导的，而且还给出了导数的表达式。从另一个角度上来说，解析函数在一点处的函数值及其各阶导数值都由其周边的函数值确定，这坐实了"解析是函数的整体特性"这一结论，第三，它也揭示了解析函数整体与局部之间的联系，既有

重要的应用价值，也有极大的思维启迪意义。

唯有刘云飞，还在不知深浅地问道："你这个结论这么厉害，你是怎么发现出来的呢？我好像看不出来呢！"

柯西不好意思地笑了笑，说道："研究函数嘛，不外乎就是各种运算。就说你刚才看到的这个式子

$$f(z) = \frac{1}{2\pi i}\int_C \frac{f(\zeta)}{\zeta - z}\mathrm{d}\zeta$$

很自然地想到两边求关于 z 的导数，形式上可得

$$f'(z) = \frac{1}{2\pi i}\int_C \frac{f(\zeta)}{(\zeta - z)^2}\mathrm{d}\zeta$$

继续求导得

$$f''(z) = \frac{2}{2\pi i}\int_C \frac{f(\zeta)}{(\zeta - z)^3}\mathrm{d}\zeta$$

$$\vdots$$

$$f^{(n)}(z) = \frac{n!}{2\pi i}\int_C \frac{f(\zeta)}{(\zeta - z)^{n+1}}\mathrm{d}\zeta \quad (n = 1,2,3,\cdots)$$

这不就是定理的结论吗？"

"可是……"刘云飞急忙插话。

"你先别可是。你不就是想说，对等式右边求导数时，本来应该是先计算积分再求导的，我这里跑到积分号里头去求导了，变成了先求导数再求积分，可能会导致等号两端不相等。"柯西笑着说。

刘云飞点头说："是呀！怎么保证你这里的求导运算和积分运算可以交换顺序而不改变结果呢？"

柯西收敛了笑容，说道："如果我按这种方式得到这个定理，那就得像你说的，先证明积分和求导可交换，这个难度就比较大了。不过呢，我讨了个巧，先放弃一下可交换这个条件，看看理想情况下会得到什么好的结果，然后再想办法证明呗！这就是你们中国人说的那句名言'大胆假设小心求证'的意思吧！幸运的是我后来小心地证明了这个大胆假设，我的证明不是用交换性，

而是利用定义，呵呵。

证明： 先证明结论关于 $n=1$ 时成立。设 $z+h \in D$ 是 D 内另一点。只需证明，当 h 趋近于 0 时，下式也趋近于 0。下式的第一项是增量比值，第二项就是待证式哦！利用柯西积分公式和积分的线性性质，做简单的代数运算就行：

$$\frac{f(z+h)-f(z)}{h} - \frac{1}{2\pi i}\int_C \frac{f(\zeta)}{(\zeta-z)^2}\mathrm{d}\zeta$$

$$= \frac{1}{h}\left[\frac{1}{2\pi i}\int_C \frac{f(\zeta)}{\zeta-z-h}\mathrm{d}\zeta - \frac{1}{2\pi i}\int_C \frac{f(\zeta)}{\zeta-z}\mathrm{d}\zeta - \frac{h}{2\pi i}\int_C \frac{f(\zeta)}{(\zeta-z)^2}\mathrm{d}\zeta\right]$$

$$= \frac{h}{2\pi i}\int_C \frac{f(\zeta)}{(\zeta-z-h)(\zeta-z)^2}\mathrm{d}\zeta$$

现在估计上式右边的积分。设以 z 为圆心，以 $2d$ 为半径的圆盘完全在 D 内，并且在这个圆盘内取 $z+h$，使得 $0<|h|<d$，那么当 $\zeta \in D$ 时，

$$|\zeta-z|>d, \quad |\zeta-z-h|>d$$

设 $|f(z)|$ 在 C 上的一个上界是 M，并且设 C 的长度是 L，于是有

$$\left|\frac{h}{2\pi i}\int_C \frac{f(\zeta)}{(\zeta-z-h)(\zeta-z)^2}\mathrm{d}\zeta\right| \leqslant \frac{|h|}{2\pi}\cdot\frac{ML}{d^2}$$

因此当 h 趋近于 0 时，要证的积分趋于 0，说明当 $n=1$ 时，定理的结论为真。

现在用数学归纳法完成定理的证明，证明的思路还是用定义。设 $n=k$ 时，结论成立。取 z 及 $z+h$ 同上，那么有

$$\frac{f^{(k)}(z+h)-f^{(k)}(z)}{h} - \frac{(k+1)!}{2\pi i}\int_C \frac{f(\zeta)}{(\zeta-z)^{k+2}}\mathrm{d}\zeta$$

$$= \frac{1}{h}\left[\frac{k!}{2\pi i}\int_C \frac{f(\zeta)}{(\zeta-z-h)^{k+1}}\mathrm{d}\zeta - \frac{k!}{2\pi i}\int_C \frac{f(\zeta)}{(\zeta-z)^{k+1}}\mathrm{d}\zeta\right] -$$

$$\frac{(k+1)!}{2\pi i}\int_C \frac{f(\zeta)}{(\zeta-z)^{k+2}}\mathrm{d}\zeta$$

$$= \frac{k!}{2\pi i h}\int_C f(\zeta)\frac{(k+1)(\zeta-z)^k+h^2 O(1)}{(\zeta-z-h)^{k+1}(\zeta-z)^{k+1}}\mathrm{d}\zeta - \frac{(k+1)!}{2\pi i}\int_C \frac{f(\zeta)}{(\zeta-z)^{k+2}}\mathrm{d}\zeta$$

$$= \frac{(k+1)!}{2\pi i}\int_C f(\zeta)\left[\frac{1}{(\zeta-z-h)^{k+1}(\zeta-z)} - \frac{1}{(\zeta-z)^{k+2}}\right]\mathrm{d}\zeta + O(1)$$

其中 $O(1)$ 表示当 h 趋近于 0 时极限为 0 的项。由此可以发现，当 h 趋近于 0 时，上式的右边趋于 0，于是定理的结论当 $n=k+1$ 时成立。

证明完毕。

另外说明一下，这一串式子看起来很复杂、烦琐，让人觉得很难懂，其实你只需要知道每一个表达式的含义，理解起来就比较容易了。整个证明过程，就是想用定义证明待证式。比如

$$\frac{f^{(k)}(z+h) - f^{(k)}(z)}{h} - \frac{(k+1)!}{2\pi i}\int_C \frac{f(\zeta)}{(\zeta-z)^{k+2}}d\zeta$$

这个式子看上去复杂吧？其实它可分为两部分，第一部分就是计算 $f^{(k+1)}(z)$ 时的'增量比值'，当 h 趋于零时，它就是 $f^{(k+1)}(z)$，第二部分就是定理中的待证式右边表达式，这个定理证明的核心，就是计算这两个的差值，然后判断当 h 趋于零时极限为零。而

$$= \frac{1}{h}\left[\frac{k!}{2\pi i}\int_C \frac{f(\zeta)}{(\zeta-z-h)^{k+1}}d\zeta - \frac{k!}{2\pi i}\int_C \frac{f(\zeta)}{(\zeta-z)^{k+1}}d\zeta\right] -$$

$$\frac{(k+1)!}{2\pi i}\int_C \frac{f(\zeta)}{(\zeta-z)^{k+2}}d\zeta$$

这一步呢，就是采用数学归纳法的套路，把 $f^{(k)}(z+h)$ 和 $f^{(k)}(z)$ 写成积分表达式，便于后面估值。所以，读数学公式，不要像读小说一样，一个一个文字或符号地去读，要有个整体意识，把握每一个表达式的意义，这样，再多的字母，你也不怕了。"

众人对柯西的崇拜一下子爆棚。证明别人的结论是本事，但看出别人看不出的结论那是更大的本事。柯西这两个本事都具备，而且比别人都大。

在众人羡慕的目光中，柯西不禁也有点飘，他洋洋得意地说："由上面的公式，我还得到一个不等式呢！"

柯西不等式：设函数 $f(z)$ 在以 $C: |z-z_0| = \rho_0 (0<\rho_0<+\infty)$ 为边界的闭圆盘上解析，那么

$$\frac{|f^{(n)}(z_0)|}{n!} \leqslant \frac{M(\rho)}{\rho^n}(n=0,1,2,\cdots;0!=1)$$

其中

$$M(\rho) = \max_{|z-z_0|=\rho} |f(z)| \quad (0<\rho \leqslant \rho_0)$$

这个结论的证明就比较简单。已知 $f(z)$ 的情况，寻找 $f^{(n)}(z)$ 的特性，那就利用刚才的定理，将 $f^{(n)}(z)$ 代换为 $f(z)$ 即可，轻易就能写出下面的证明。

证明：令 C_ρ 是圆 $|z-z_0|=\rho (0<\rho \leqslant \rho_0)$，那么，由导数公式，有

$$|f^{(n)}(z)| = \left| \frac{n!}{2\pi i} \int_C \frac{f(\zeta)}{(\zeta-z)^{n+1}} d\zeta \right|$$

$$\leqslant \frac{n!}{2\pi} \cdot \frac{M(\rho)}{\rho^{n+1}} \cdot 2\pi\rho = n! \cdot \frac{M(\rho)}{\rho^{n+1}}$$

其中，$n=0,1,2,\cdots$；$0!=1$。

"刚才咱们讨论的都是在有限区域上解析的函数具有的性质，事实上，在全平面上解析的函数也很常用，值得给它一个专有名字，有的专家称这样的函数为整函数，例如 $\sin z, \cos z, e^z$ 都是整函数。"柯西补充说。

突然，刘云飞坏坏地说："你刚才的证明其实是说，有界闭区域上的解析函数自身及其各阶导数都是有界的，那全平面上解析的函数，也就是整函数，是不是也是有界的呢？"

柯西还没来得及开口，旁边一个慵懒的声音传来："你这孩子，本来我都不想说话的。"

众人一看，原来是刘云飞的"祖上"刘维尔[○]。刘维尔不满地说道："我在复变函数这门课上也就这一个结论能拿得出手。我告诉你：有界整函数一定恒等常数。不相信我证明给你看。"

证明：这里我们用 C 来表示全平面。设 $f(z)$ 是 C 上的有界函数，即存在 $M \in (0,+\infty)$，使得 $\forall z \in C$，$|f(z)| < M$。现在 $\forall z_0 \in C$，$\forall \rho \in (0,+\infty)$，$f(z)$ 在 $\{z | |z-z_0| < \rho\}$ 上解析。由柯西不等式，有 $|f'(z_0)| \leqslant M/\rho$，令 $\rho \rightarrow +\infty$，可见 $\forall z_0 \in C, f'(z_0)=0$，从而 $f(z)$ 在 C 上恒等于常数。

○ 刘维尔（Joseph Liouville, 1809—1882），法国数学家，一生从事数学、力学和天文学的研究，涉足广泛，成果丰富，尤其对双周期椭圆函数、微分方程边值问题和数论中的超越数问题有深入研究。

众人一看，颠覆三观了。像 sinz、cosz 这样的函数，在实数域上都是有界的，但到了复数域，咋就无界了呢？仔细想想，好像也不是全无道理。当 x 是实数时，sinx 终究不过是某个直角三角形的一条直角边和斜边之比再多个正负号，其值自然在-1 和 1 之间，而当 z 是复数时，sinz 就不是什么比值了，按照欧拉公式，它是可以取到无穷的。所以，尽管 sinx 和 sinz 共享一个名字，并且在实数域也相等，但在复数域上，那就不是一回事了。就像江苏省的高考省状元 sinz 回到清平村还是村高考状元，但清平村的高考状元 sinx 在江苏省可能还只是一个村高考状元。

刘云飞一看自己把自己的"老祖宗"都忽悠出来了，内心一阵窃喜，忙走上前去，深施一礼，说道："拜见前辈。您老的意思是，解析函数在一个有限区域内是有界的，但不可能在全平面有界，在全平面有界的解析函数就只有常数，是不是这样呢？"

刘维尔点头认可，刘云飞就说："那我明白了，您老还是回去歇着吧！"

这边莫勒拉看到刘维尔都出来说话了，也忍不住了。他说："我对柯西老非常崇拜。我深入地研究了柯西定理和一系列结论之后，想到了柯西定理的逆定理，即：

定理 3　如果函数 $f(z)$ 在区域 D 内连续，并且对于 D 内的任一条简单闭曲线 C，有

$$\int_C f(z)\,\mathrm{d}z = 0$$

那么 $f(z)$ 在区域 D 内解析。

要证明这个结论，就要证明 $f(z)$ 在区域 D 内任一点可导，当然用定义是不可能的。我的想法有点巧妙：因为前面已经说过了，解析函数有任意阶的导数，那我只要能证明 $f(z)$ 是某个解析函数的导函数就行了，这就很自然地引导我想到 $f(z)$ 的原函数了，于是，下面的证明就顺理成章了。

证明：作以 z_0 为圆心的圆盘 $K \subset D$。在凸区域 K 内，函数 $f(z)$ 连续，并且对于 K 内任何一个三角形的周界 C，则可以证明 $f(z)$ 在 K 内有原函数 $F(z)$（这里从略了），即 $\exists F'(z) = f(z)$。于是 $F(z)$ 在 K 内解析，从而有任意阶导数。

又因为 z_0 的任意性，结论成立。

是不是很奇妙？"

柯西看了看证明过程，觉得这家伙的脑回路不是一般的清奇。他满意地点了点头，说道："不错不错，这个结论和我的那个定理合在一起，可以说成是：

如果函数 $f(z)$ 在区域 D 内连续，则 $f(z)$ 在区域 D 内解析的充要条件是对于 D 内的任一条简单闭曲线 C，有

$$\int_C f(z)\,\mathrm{d}z = 0。"$$

莫勒拉一看，这是要抢成果的节奏啊！马上就急了："不是不是，这……"

柯西明白了莫勒拉的意思，忙解释道："我不是要抢你的成果哦！不合就不合吧，我说我的柯西积分定理，你说你的莫勒拉定理，这样可以吧！"

莫勒拉忙说："没有没有，您一个积分定理（解析函数在闭曲线上积分为零）、一个积分公式（解析函数在一点处的值由包围这点的闭曲线上的积分值确定，$f(z) = \dfrac{1}{2\pi\mathrm{i}}\displaystyle\int_C \dfrac{f(\zeta)}{\zeta - z}\mathrm{d}\zeta$）、再加上一个高阶导数公式（$f^{(n)}(z) = \dfrac{n!}{2\pi\mathrm{i}}\displaystyle\int_C \dfrac{f(\zeta)}{(\zeta - z)^{n+1}}\mathrm{d}\zeta$）就构建了复变函数的积分理论体系，还用积分研究了解析函数的求导问题，体系之完善、方法之奇妙、结论之精炼，就算是牛顿、莱布尼茨见了，也不得不佩服啊！我们只是陪着您，取得了一点小成绩，不足挂齿。"

柯西倒也不谦虚，顺着莫勒拉的话，对着众人说道："不知不觉中，我们一起干了一件大事：用复积分弄明白了解析函数的那些事。这个工作是了不起的创新，很有意义。它既在认识论层面上揭示了可导与可积的对立统一性，又提供了一种研究解析函数的思路和途径，还得出了很有意义的结论，在以后对解析函数的研究中，必将发挥巨大的效益。"

不知何时牛顿和莱布尼茨又来到现场，只见牛顿也无可奈何地摇了摇头："唉，在微积分理论中，我和老莱是绝对核心，绝对权威，虽然我们之间曾有过一点小矛盾，但我们的学问是一致的、统一的。这到了复变函数，虽然也是

借鉴了我们的思想，但这许多新结论有点让我们应接不暇。一个欧拉，就轻易统一了初等函数；一个柯西，就把复函数的微积分给统一起来了，果然是后生可畏呀！佩服！这长江后浪推前浪，不服不行呀！"

说罢深情地望了一眼身旁的莱布尼茨，莱布尼茨也望着牛顿，眼里满是爱怜，二人顾自感叹。

看到牛顿、莱布尼茨二人"你侬我侬"的样子，联想到现在的学术界已经很少有人还在议论牛、莱二人的争执了，刘云飞不禁感慨万千：果然时间是最好的良药，能治愈一切。

这边刘云飞突然闪过一个念头，立即飞也似的冲了出去，一旁韩素也下意识地跟了出去。

未知又要发生什么大事。欲知后事，且看下回。

第十五回
序列级数做基础　分解函数有依据

　　阅读提示：本回讲述复数序列和复数项级数的收敛性定义、判别、和函数的性质，以及一致收敛级数逐项求导和求积分的定理，主要内容是高等数学中相关内容的移植。

　　韩素跟着刘云飞来到一个没人处，紧走几步来到刘云飞的面前，神秘兮兮地说："你怎么又偷偷跑了，是有什么新发现吗？"

　　刘云飞环顾左右，发现的确没有其他人，于是压低声音，小声说道："你看前面的微分和定积分，它们有一个共同的特点，就是把函数的定义域看成是一个个点的局部拼接而成，然后盯着函数在一点处的局部，通过对函数局部的线性化分析，实现对函数整体的分析，这也可以看成是对自变量的分解……"

　　还没等刘云飞说完，韩素抢着说道："你是不是想说，函数还可以按因变量分解，就是将函数分解成一个个的有效成分？"

　　刘云飞笑着拍了拍韩素："兄弟你开窍了，有出息。高等数学中的确提供了这样一种函数分析方法，就是将一般函数分解成简单函数的线性叠加。"

　　刘云飞停顿了一下，接着说道："数学上，最简单的函数是多项式。一方面，多项式是人类最早开始研究的函数，至今已经取得了非常丰富的成果；另一方面，多项式有一个非常好的性质，就是一定次数的求导运算后将变为常数甚至 0。"

韩素兴奋地说："对的对的，n 次多项式求 $n+1$ 次导数后就为 0 啦！"

刘云飞点点头说："是的，所以，在高等数学中，学完微积分后马上就学习将函数展开成幂级数。"

韩素问道："你刚才说幂级数是数学上最简单的函数，那还有什么最简单的函数呢？"

刘云飞说道："还有物理上最简单的函数，就是正弦函数。"

韩素恍然大悟似的，说道："哦！怪不得你们那高等数学课里还讲傅里叶级数展开。"

刘云飞的优越感马上升腾了起来，想打趣一下韩素，忍住了。

韩素接着问道："你的意思是不是也要在复变函数里引入个幂级数展开和傅里叶级数展开呢？"

刘云飞竖起了大拇指："嗯！我们就先从幂级数展开开始，傅里叶级数的问题比较复杂，咱们后面再说。为了先有个理论储备，我们先来定义个序列的概念。

将复数序列定义为

$$z_1 = a_1 + \mathrm{i}b_1, z_2 = a_2 + \mathrm{i}b_2, \cdots, z_n = a_n + \mathrm{i}b_n, \cdots$$

这里，z_n 是复数，$\mathrm{Re}z_n = a_n$，$\mathrm{Im}z_n = b_n$，将其简单记为 $\{z_n\}$。按照通项的模 $\{|z_n|\}$ 是有界或无界序列，对应地称 $\{z_n\}$ 为有界或无界序列。

对比着实数序列，定义复数序列的收敛：

设 z_0 是一个复常数。如果任给 $\varepsilon > 0$，可以找到一个正数 N，使得当 $n > N$ 时，

$$|z_n - z_0| < \varepsilon$$

则称 $\{z_n\}$ 收敛或有极限 z_0，或者说 $\{z_n\}$ 是收敛序列，并且收敛于 z_0，记作

$$\lim_{n \to +\infty} z_n = z_0$$

如果序列 $\{z_n\}$ 不收敛，则称 $\{z_n\}$ 发散，或者说它是发散序列。

令 $z_0 = a + \mathrm{i}b$，其中 a 和 b 是实数。由不等式

$$|a_n - a| \; \text{及} \; |b_n - b| \leqslant |z_n - z_0| \leqslant |a_n - a| + |b_n - b|$$

可以看出，$\lim\limits_{n \to +\infty} z_n = z_0$ 等价于下列两极限式：

$$\lim_{n \to +\infty} a_n = a, \quad \lim_{n \to +\infty} b_n = b$$

这样，我们就可以再一次利用实数部分的理论和方法来研究复数，即有下面的结论：

序列 $\{z_n\}$ 收敛于 z_0 的充分必要条件是：序列 $\{a_n\}$ 收敛于 a 以及序列 $\{b_n\}$ 收敛于 b。

复数序列也可以看成为复平面上的点列，这样，点列 $\{z_n\}$ 收敛于 z_0 或者说有极限点 z_0 的定义，用几何语言可以叙述为：任给 z_0 的一个邻域，相应地可以找到一个正整数 N，使得当 $n > N$ 时，z_n 在这个邻域内。

进一步，还可以证明，两个收敛复数序列的和、差、积、商仍收敛，并且其极限是相应极限的和、差、积、商，这里就不证了，你要是有空，可以自己试着证明一下。"

韩素做了个鬼脸，内心想着："这有什么可证的，显而易见的嘛！"

刘云飞知道韩素的心思，觉得也没有必要跟他较真，就接着说道："有了序列的概念，就可以定义级数了：

复数项级数就是

$$z_1 + z_2 + \cdots + z_n + \cdots$$

简记为 $\sum\limits_{n=1}^{\infty} z_n$，或 $\sum z_n$，其中 z_n 是复数。部分和序列为

$$\sigma_n = z_1 + z_2 + \cdots + z_n$$

如果序列 $\{\sigma_n\}$ 收敛，那么我们就说级数 $\sum z_n$ 收敛；如果 $\{\sigma_n\}$ 的极限是 σ，那么就说 $\sum z_n$ 的和是 σ，或者说 $\sum z_n$ 收敛于 σ，记作

$$\sum_{n=1}^{\infty} z_n = \sigma$$

如果序列 $\{\sigma_n\}$ 发散，那么我们说级数 $\sum z_n$ 发散。"

韩素故作聪明地说："我觉得你下一句话应该是：这与高等数学中的相应概念是完全一致的。"

刘云飞看着韩素说:"嗯,不过你说早了,这句话可以留着等会儿说。我要说的是,对于一个复数序列 $\{z_n\}$,可以作一个复数项级数如下:

$$z_1 + (z_2 - z_1) + (z_3 - z_2) + \cdots + (z_n - z_{n-1}) + \cdots$$

则序列 $\{z_n\}$ 的敛散性和此级数的敛散性相同。从这个意义上讲,级数和序列倒是可以统一理解。还有,级数 $\sum z_n$ 收敛于 σ,也可以用 $\varepsilon - N$ 语言叙述为: $\forall \varepsilon > 0$, $\exists N > 0$,使得当 $n > N$ 时,有

$$\left| \sum_{k=1}^{n} z_k - \sigma \right| < \varepsilon$$

当然这只是为了凸显结论的严谨性,从使用的角度看没有什么意义。再有,如果级数 $\sum z_n$ 收敛,那么

$$\lim_{n \to +\infty} z_n = \lim_{n \to +\infty} (\sigma_n - \sigma_{n+1}) = 0$$

这个结论的意义是,收敛级数的通项趋于零。在判断级数收敛性时,这可以作为一个必要条件来使用,即若一个级数的通项不以零为极限,那么该级数一定不收敛。现在就可以说你刚才说过的话了,不过既然你都知道了,我也没有必要说了。"

韩素显得有点不好意思,只好说:"那复数级数与实数级数之间还有什么关系呢?"

刘云飞说:"令

$$a_n = \mathrm{Re} z_n, \quad b_n = \mathrm{Im} z_n, \quad a = \mathrm{Re} \sigma, \quad b = \mathrm{Im} \sigma$$

则有

$$\sigma_n = \sum_{k=1}^{n} a_k + \mathrm{i} \sum_{k=1}^{n} b_k$$

因此,级数 $\sum z_n$ 收敛于 σ 的充分与必要条件是:级数 $\sum a_n$ 收敛于 a 以及级数 $\sum b_n$ 收敛于 b。

还有,关于实数项级数的一些基本定理,可以不加改变地推广到复数项级数,例如柯西收敛原理。

复数项级数的柯西收敛原理:级数 $\sum z_n$ 收敛的充分必要条件是:任给 $\varepsilon > 0$,可以找到一个正整数 N,使得当 $n > N$ 且 $p = 1, 2, 3, \cdots$ 时,

$$\left| z_{n+1} + z_{n+2} + \cdots + z_{n+p} \right| < \varepsilon$$

复数序列的柯西收敛原理：序列 $\{z_n\}$ 收敛的充分必要条件是，任给 $\varepsilon>0$，可以找到一个正整数 N，使得当 m 及 $n>N$ 时，有

$$|z_n-z_m|<\varepsilon$$

韩素盯着刘云飞，小心翼翼地问："柯西还在着嘞，你就明目张胆地抄袭人家的成果，你心里就一点不紧张吗？"

刘云飞耸耸肩，轻描淡写地说："怕什么。再说他说的实数列和实数项级数的收敛定理，我说的是复数列和复数项级数的收敛定理，不过是借用了他的名字，还给他长脸了呢，他感谢我还来不及呢！"

韩素摇了摇头，内心感叹道："这人的脸皮，无敌了。"

刘云飞继续说道："对于复数项级数 $\sum z_n$，引入绝对收敛的概念：

如果级数

$$|z_1|+|z_2|+\cdots+|z_n|+\cdots$$

收敛，则称级数 $\sum z_n$ 绝对收敛。非绝对收敛的收敛级数称为条件收敛。

很显然，$\sum |z_n|$ 收敛，一定有 $\sum z_n$ 收敛，反之不然，也就是说，复级数 $\sum z_n$ 收敛的一个充分条件为级数 $\sum |z_n|$ 收敛。

我们能够证明，级数 $\sum z_n$ 绝对收敛的充分必要条件是：级数 $\sum a_n$ 以及 $\sum b_n$ 绝对收敛：事实上，有

$$\sum_{k=1}^{n}|a_k|,\sum_{k=1}^{n}|b_k|\leqslant\sum_{k=1}^{n}|z_{nk}|=\sum_{k=1}^{n}\sqrt{a_k^2+b_k^2}$$

$$\leqslant\sum_{k=1}^{n}|a_k|+\sum_{k=1}^{n}|b_k|$$

根据这个不等式，你应该能看出结论是成立的吧？

举个例子：当 $|\alpha|<1$ 时，$1+\alpha+\alpha^2+\cdots+\alpha^n+\cdots$ 绝对收敛；并且有

$$1+\alpha+\alpha^2+\cdots+\alpha^n=\frac{1-\alpha^{n+1}}{1-\alpha},\lim_{n\to+\infty}\alpha^{n+1}=0$$

从而，当 $|\alpha|<1$ 时，

$$1+\alpha+\alpha^2+\cdots+\alpha^n+\cdots=\frac{1}{1-\alpha}"$$

韩素点点头，说道："这都很好理解。"

刘云飞一挺脖梗子："那就给你看一个不好理解的。"

定理 如果复数项级数 $\sum z_n'$ 及 $\sum z_n''$ 绝对收敛，并且它们的和分别为 α'，α''，那么级数

$$\sum_{n=1}^{\infty}(z_1'z_n''+z_2'z_{n-1}''+\cdots+z_n'z_1'')$$

也绝对收敛，并且它的和为 $\alpha'\alpha''$。"

韩素惊愕地睁大了眼："这是啥意思？看结果是两个和的乘积，但这个通项是怎么一回事呢，怎么写这么多？"

刘云飞得意地一笑："怎么样？糊涂了吧？这个叫柯西乘积，你看到通项的下标了没有？它们有一个特点，就是每一项的下标之和都相等，第 n 个括号内都是 $n+1$，你把乘积式的每一项都写出来，就是

第 1 项：$z_1'z_1''$

第 2 项：$z_1'z_2''+z_2'z_1''$

第 3 项：$z_1'z_3''+z_2'z_2''+z_3'z_1''$

第 4 项：$z_1'z_4''+z_2'z_3''+z_3'z_2''+z_4'z_1''$

……"

"明白了明白了，两个序列的乘积还是序列，乘积序列的第 n 项，就是参与乘积的两个序列中，下标和为 $n+1$ 的项的乘积之和！"韩素叫道。

刘云飞拍了一下韩素的肩膀，笑着说道："这么复杂的表达式你都能用语言表示出来，厉害厉害！"

韩素不解地问道："为什么要这样定义两个级数的乘积呢？"

刘云飞正色道："这种相乘的方式更多的是来自于其他工作的需要，事实上我们也可以按照其他的方式定义乘积，你开心的时候你也可以规定一种满足乘法规则，比如交换律、分配律、存在零元和单位元的级数乘积方式。什么是零元和单位元啊？零元就是别的级数跟它乘结果都为零，单位元就是谁乘以它

都不变。数的乘法中，0 就是零元，1 就是单位元。如果你定义的乘积有用，那将会以你的名字被世代相传，比如这种乘积方式就是柯西发明的。至于两边相等这个结论，证明有点烦琐，咱们也不去多纠缠了，反正作为一种工具，我们只需要记住，级数的乘积运算就这样来就行了。"

韩素感觉这解释莫名其妙，仔细想了一会儿，就说："我倒是觉得，可以这样理解这个级数乘积，就是构造两个辅助的无穷项多项式

$$\sum_{n=1}^{\infty} z'_n x^n = z'_1 x + z'_2 x^2 + z'_3 x^3 + \cdots$$

$$\sum_{n=1}^{\infty} z''_n x^n = z''_1 x + z''_2 x^2 + z''_3 x^3 + \cdots$$

将这两个多项式按照普通多项式的乘法方式相乘，则按 x 的升幂排列，其系数就是你上面写的乘积式子，二次项的系数就是 $z'_1 z''_1$，三次项的系数就是 $z'_1 z''_2 + z'_2 z''_1$，四次项的系数就是 $z'_1 z''_3 + z'_2 z''_2 + z'_3 z''_1 \cdots$，这样乘积多项式就可以写成：

$$\sum_{n=1}^{\infty} (z'_1 z''_n + z'_2 z''_{n-1} + \cdots + z'_n z''_1) x^{n+1}$$

$\sum z'_n$，$\sum z''_n$ 收敛于 α', α''，指的是当 $x=1$ 时前面两个无穷项多项式的值为 α', α''，若乘积无穷项多项式也收敛，则 $x=1$ 时的值是 $\sum_{n=1}^{\infty} (z'_1 z''_n + z'_2 z''_{n-1} + \cdots + z'_n z''_1)$，二者相等，于是就有这种乘积方式。"

刘云飞一看，有道理呀！只好尴尬地拍了拍韩素："可以呀！你都会抢答了！"

韩素羞涩地笑了笑，问道："你这说的都是常数项序列和级数，那能不能推广到函数项序列和级数呢？"

刘云飞调整了一下心情，说道："这个自然。对我们来说，函数项序列和级数才有用。看下面的定义：

设 $\{f_n(z)\}$ $(n=1,2,\cdots)$ 在复平面点集 E 上有定义，那么

$$f_1(z) + f_2(z) + \cdots + f_n(z) + \cdots$$

是定义在点集 E 上的复函数项级数，记为 $\sum_{n=1}^{\infty} f_n(z)$ 或 $\sum f_n(z)$。设函数 $f(z)$ 在

E 上有定义，如果在 E 上每一点 z，级数 $\sum f_n(z)$ 都收敛于 $f(z)$，那么我们说此复函数项级数在 E 上收敛于 $f(z)$，或者此级数在 E 上有和函数 $f(z)$，记作

$$\sum_{n=1}^{\infty} f_n(z) = f(z)$$

设

$$f_1(z), f_2(z), \cdots, f_n(z), \cdots$$

是 E 上的复函数列，记作 $\{f_n(z)\}_{n=1}^{+\infty}$ 或 $\{f_n(z)\}$。设函数 $\varphi(z)$ 在 E 上有定义，如果在 E 上每一点 z，序列 $\{f_n(z)\}$ 都收敛于 $\varphi(z)$，那么说此复函数序列在 E 上收敛于 $\varphi(z)$，或者此序列在 E 上有极限函数 $\varphi(z)$，记作

$$\lim_{n \to +\infty} f_n(z) = \varphi(z)$$

如果想追求定义上的严格性，还可以用 $\varepsilon\text{-}N$ 语言叙述复变函数项级数 $\sum f_n(z)$ 收敛于 $f(z)$ 的定义：

$\forall \varepsilon > 0$，$\exists N > 0$，使得当 $n > N$ 时，有 $\left| \sum_{k=1}^{n} f_k(z) - f(z) \right| < \varepsilon$；

以及复变函数序列 $\{f_n(z)\}$ 收敛于 $\varphi(z)$ 的定义：

$\forall \varepsilon > 0$，$\exists N > 0$，使得当 $n > N$ 时，有 $|f_n(z) - \varphi(z)| < \varepsilon$。

利用这种定义语言，就可以给出一致收敛的定义：

任给 $\varepsilon > 0$，可以找到一个只与 ε 有关，而与 z 无关的正整数 $N = N(\varepsilon)$，使得当 $n > N$，$z \in E$ 时，有

$$\left| \sum_{k=1}^{n} f_k(z) - f(z) \right| < \varepsilon$$

或

$$|f_n(z) - \varphi(z)| < \varepsilon$$

那么我们说级数 $\sum f_n(z)$ 或序列 $\{f_n(z)\}$ 在 E 上一致收敛于 $f(z)$ 或 $\varphi(z)$。

这里收敛和一致收敛的区别是：对任给 $\varepsilon > 0$，如果找到的 $N = N(\varepsilon)$ 与 ε 和 z 有关，则是收敛，若只与 ε 有关，而与 z 无关，则是一致收敛。显然，一致收敛必然收敛，反之不然。"

刘云飞左右看了一眼，一脸坏笑地接着说："这里我们还可以借鉴实函数

项级数和序列的柯西一致收敛原理，给出：

柯西一致收敛原理（复函数项级数）：复函数项级数 $\sum f_n(z)$ 在 E 上一致收敛的充分必要条件是：任给 $\varepsilon > 0$，可以找到一个只与 ε 有关，而与 z 无关的正整数 $N = N(\varepsilon)$，使得当 $n > N$，$z \in E$，$p = 1, 2, 3, \cdots$ 时，有

$$|f_{n+1}(z) + f_{n+2}(z) + \cdots + f_{n+p}(z)| < \varepsilon$$

柯西一致收敛原理（复函数序列）：复函数序列 $\{f_n(z)\}$ 在 E 上一致收敛的充分必要条件是：任给 $\varepsilon > 0$，可以找到一个只与 ε 有关，而与 z 无关的正整数 $N = N(\varepsilon)$，使得当 $m, n > N, z \in E$ 时，有

$$|f_n(z) - f_m(z)| < \varepsilon$$

不仅如此，我们顺带把魏尔斯特拉斯的收敛性判别法也拿过来直接用：

一致收敛的魏尔斯特拉斯判别法（优级数准则）：设 $\{f_n(z)\}$（$n = 1, 2, \cdots$）在复平面点集 E 上有定义，并且设

$$a_1 + a_2 + \cdots + a_n + \cdots$$

是一个收敛的正项级数。设在 E 上，

$$|f_n(z)| \leqslant a_n \quad (n = 1, 2, \cdots)$$

那么级数 $\sum f_n(z)$ 在 E 上绝对收敛且一致收敛。

这样的正项级数 $\sum\limits_{n=1}^{\infty} a_n$ 称为复函数项级数 $\sum f_n(z)$ 的优级数。"

韩素不由得叹了口气，说道："唉，前人栽树后人乘凉，有前人的成果可以借鉴，你们做起事来是不是容易多了。"

刘云飞一撇嘴说道："那也未必。前人把容易的事都做完了，留下来的事都是困难的了。"

稍一停顿，接着说道："对一致收敛的函数项级数，它们的和函数有比一般收敛级数和函数更好的性质，比如：

和函数连续定理：设复平面点集 E 表示区域、闭区域或简单曲线。设 $\{f_n(z)\}$（$n = 1, 2, \cdots$）在集 E 上连续，并且级数 $\sum f_n(z)$ 或序列 $\{f_n(z)\}$ 在 E 上一致收敛于 $f(z)$ 或 $\varphi(z)$，那么 $f(z)$ 或 $\varphi(z)$ 在 E 上连续。

和函数积分定理：设 $f_n(z)$ ($n=1,2,\cdots$) 在简单曲线 C 上连续，并且级数 $\sum f_n(z)$ 或序列 $\{f_n(z)\}$ 在 C 上一致收敛于 $f(z)$ 或 $\varphi(z)$，那么

$$\sum_{n=1}^{\infty} \int_C f_n(z)\,\mathrm{d}z = \int_C f(z)\,\mathrm{d}z$$

或

$$\int_C f_n(z)\,\mathrm{d}z = \int_C \varphi(z)\,\mathrm{d}z$$

没有一致收敛的前提，这两个性质是不能保证成立的。

还有和函数的解析性。先给出内闭一致收敛的概念。

设函数 $\{f_n(z)\}$ ($n=1,2,\cdots$) 在复平面 C 上的区域 D 内解析。如果级数 $\sum f_n(z)$ 或序列 $\{f_n(z)\}$ 在 D 内任一有界闭区域上一致收敛于 $f(z)$ 或 $\varphi(z)$，那么称此级数或序列在 D 中内闭一致收敛于 $f(z)$ 或 $\varphi(z)$。

这样就有魏尔斯特拉斯定理：设函数 $f_n(z)$ ($n=1,2,\cdots$) 在区域 D 内解析，并且级数 $\sum f_n(z)$ 或序列 $\{f_n(z)\}$ 在 D 中内闭一致收敛于函数 $f(z)$ 或 $\varphi(z)$，那么 $f(z)$ 或 $\varphi(z)$ 在区域 D 内解析，并且在 D 内，

$$f^{(k)}(z) = \sum_{n=1}^{\infty} f_n^{(k)}(z)$$

或

$$\varphi^{(k)}(z) = \lim_{n\to+\infty} f_n^{(k)}(z) \quad (k=1,2,3,\cdots)$$

证明：先证明 $f(z)$ 在 D 内任一点 z_0 解析，取 z_0 的一个邻域 U，使其包含在 D 内，在 U 内作一条简单闭曲线 C。由和函数积分定理以及柯西定理，

$$\int_C f(z)\,\mathrm{d}z = \sum_{n=1}^{\infty} \int_C f_n(z)\,\mathrm{d}z = 0$$

因为根据莫勒拉定理，$f(z)$ 在 U 内解析。再由于 z_0 是 D 内任意一点，因此 $f(z)$ 在 D 内解析。

其次，设 U 的边界即圆 K 也在 D 内，于是

$$\sum_{n=1}^{\infty} \frac{f_n(z)}{(z-z_0)^{k+1}}$$

对于 $z \in K$ 一致收敛于 $\dfrac{f(z)}{(z-z_0)^{k+1}}$。这样，由和函数积分定理，我们有

$$\frac{1}{2\pi i}\int_K \frac{f(z)}{(z-z_0)^{k+1}}\mathrm{d}z = \sum_{n=1}^{\infty} \frac{1}{2\pi i}\int_K \frac{f_n(z)}{(z-z_0)^{k+1}}\mathrm{d}z$$

也就是

$$f^{(k)}(z) = \sum_{n=1}^{\infty} f_n^{(k)}(z) \quad (k=1,2,3,\cdots)$$

因此，定理中关于级数的部分证明结束。

对于序列，我们也先证明 $\varphi(z)$ 在 D 内任一点 z_0 解析，取 z_0 的一个邻域 U，使其包含在 D 内，在 U 内作一条简单闭曲线 C。由和函数积分定理以及柯西定理，得

$$\int_C f(z)\,\mathrm{d}z = \int_C \lim_{z \to +\infty} f_n(z)\,\mathrm{d}z = \lim_{n \to +\infty} \int_C f_n(z)\,\mathrm{d}z = 0$$

因为根据莫勒拉定理可知，$\varphi(z)$ 在 U 内解析。再由于 z_0 是 D 内任意一点，因此 $\varphi(z)$ 在 D 内解析。

其次，设 U 的边界即圆 K 也在 D 内，于是

$$\frac{f_n(z)}{(z-z_0)^{k+1}}$$

对于 $z \in K$ 一致收敛于 $\dfrac{\varphi(z)}{(z-z_0)^{k+1}}$。我们有

$$\frac{1}{2\pi i}\int_K \frac{\varphi(z)}{(z-z_0)^{k+1}}\mathrm{d}z = \frac{1}{2\pi i}\int_K \lim_{n \to +\infty} \frac{f_n(z)}{(z-z_0)^{k+1}}\mathrm{d}z = \lim_{n \to +\infty} \frac{1}{2\pi i}\int_K \frac{f_n(z)}{(z-z_0)^{k+1}}\mathrm{d}z$$

也就是

$$\varphi^{(k)}(z) = \lim_{n \to +\infty} f_n^{(k)}(z) \quad (k=1,2,3,\cdots)$$

因此，定理中关于序列的部分证明结束。"

韩素伸了个懒腰，说道："终于有了我们自己的研究成果了。我们对复数序列和复函数项级数建立了收敛的概念，得出了收敛必有界、收敛序列的四则运算也收敛，并且这个四则运算和取极限运算可以交换顺序。对函数项级数，也给出了一个收敛的必要条件，就是通项趋于零。咱们给出了级数收敛的柯西

收敛定理、收敛与绝对收敛的关系，定义了收敛级数的乘积运算、级数的收敛和一致收敛性，对一致收敛，给出了柯西一致收敛原理和一致收敛的魏尔斯特拉斯判别法，指出对一致收敛级数，逐项求积分、求导数运算可以和求和运算交换运算顺序，也就是可以逐项求导和求积。最神奇的是，通过内闭一致收敛的定义，我们得到了魏尔斯特拉斯定理：如果一个函数项级数的每一项都是解析函数，并且该级数内闭一致收敛的话，那么它的和函数也是解析的，并且可以逐项求高阶导数，这就很好地解决了函数项级数的解析问题。虽然这些结论都是对实函数部分相应结论的模仿，但模仿也是一种创新呀！应用创新呀！这样我们就在不知不觉中建立了复函数项级数的理论。还是很完善的哟！"

刘云飞点点头说道："走，带着这些成果，我们就可以忽悠其他人了。"

二人说说笑笑，携手走了出去。

欲知后事，且看下回。

第十六回
幂级数再出江湖　最有用泰勒展开

阅读提示：本回研究一类特别的解析函数项级数，即幂级数。这类级数在复变函数论中有特殊而重要的意义；一般幂级数在一定的区域内收敛于一个解析函数；在一点解析的函数在这点的一个邻域内可以用幂级数表示出来。因此，一个函数在某个点解析的充分必要条件是，它在这个点的某个邻域内可以展开成一个幂级数，这样就可以用幂级数研究其他函数。

一轮红日普照大地，微风习习，带着空气中浓郁的芬芳，让人感觉到别样的舒坦。刘云飞和韩素，心情都是特别好，忍不住想高歌一曲。一抬头间，韩素看到半山上有一面绣着"幂"字的大旗迎风飘扬。韩素一激动，拉着刘云飞就跑："带你去吃顿好的！"

二人跑到殿前，发现一众人像是正在等待。看到了韩素，其中一人越众而出，对着韩素就要跪拜。韩素急忙上前拉住，开口叫道："不要不要！函数派已经没有了！"拉着来人给刘云飞介绍："这是原先函数派的幂函数分社社长阿贝尔。"三人携着手，一起走进大厅。

甫一坐下，韩素就从方程派与函数派的擂台开始，说着复数的产生、运算方式、复函数定义、运算等，说到方程派与函数派的和解以及解散，一直说到复函数项级数的收敛等，阿贝尔听得是如醉如痴，心中既惋惜又高兴。还没等韩素说完，抢着说道："那我们的幂级数是不是也可以引入复数域呢？"

刘云飞早就急不可耐了，忙不迭说道："当然当然，可以先从形式上推广过来，定义复数域中的幂级数为

$$\sum_{n=0}^{\infty} \alpha_n(z-z_0)^n = \alpha_0 + \alpha_1(z-z_0) + \alpha_2(z-z_0)^2 + \cdots +$$

$$\alpha_n(z-z_0)^n + \cdots$$

其中 z 是复变数，系数 α_n 是任意复常数。"

阿贝尔得意地说："作为一种特殊的函数项级数，幂级数应该有更好的收敛性能，比如我来先给出个阿贝尔第一定理：

如果幂级数 $\sum_{n=0}^{\infty} \alpha_n(z-z_0)^n$ 在 $z_1(\neq z_0)$ 收敛，那么它在 $|z-z_0| < |z_1-z_0|$ 内绝对收敛且内闭一致收敛。"

刘云飞说道："你的这个结论很强啊！在一点 z_1 处收敛就能保证在离 z_0 比 z_1 近的一个以 z_0 为圆心的圆内收敛，神奇！但需要证明。"

阿贝尔轻松地一笑说道："利用收敛级数的性质，证明是不难的。由于幂级数 $\sum_{n=0}^{\infty} \alpha_n(z-z_0)^n$ 在 $z_1(\neq z_0)$ 收敛，所以其通项趋于零，即有

$$\lim_{n\to+\infty} \alpha_n(z_1-z_0)^n = 0$$

因为收敛必有界，所以存在着一个有限常数 M，使得 $|\alpha_n(z_1-z_0)^n| \leq M (n=0, 1,\cdots)$。把级数改写成

$$\sum_{n=0}^{\infty} \alpha_n(z_1-z_0)^n \left(\frac{z-z_0}{z_1-z_0}\right)^n$$

则有

$$|\alpha_n(z-z_0)^n| = |\alpha_n(z_1-z_0)^n| \left|\frac{z-z_0}{z_1-z_0}\right|^n$$

$$\leq M \left|\frac{z-z_0}{z_1-z_0}\right|^n = Mk^n$$

其中已令 $\left|\frac{z-z_0}{z_1-z_0}\right| = k$，由于级数 $\sum_{k=0}^{\infty} Mk^n$ 收敛，根据高等数学中学习过的级数收

敛性判别方法，容易知道此幂级数在满足 $|z-z_0|<|z_1-z_0|$ 的任何点 z 处绝对收敛且内闭一致收敛。"

韩素激动地说："妙！妙！真妙！那它的逆否命题自然就成立了，就是：若幂级数 $\sum\limits_{n=0}^{\infty}\alpha_n(z-z_0)^n$ 在 $z_2(\neq z_0)$ 发散，则它在以 z_0 为圆心并通过 z_2 的圆周外部也发散。"

刘云飞赞许地点了点头，说道："嗯，我们还可以把复幂级数和实幂级数联系起来讨论收敛性。与幂级数 $\sum\limits_{n=0}^{\infty}\alpha_n(z-z_0)^n$ 相对应，作一个实系数幂级数

$$\sum_{n=0}^{\infty}|\alpha_n|x^n=|\alpha_0|+|\alpha_1|x+|\alpha_2|x^2+\cdots+|\alpha_n|x^n+\cdots$$

其中 x 为实数。则有：

设 $\sum\limits_{n=0}^{\infty}|\alpha_n|x^n$ 的收敛半径是 R，那么按照不同情况，我们分别有：

（1）如果 $0<R<+\infty$，那么当 $|z-z_0|<R$ 时，级数 $\sum\limits_{n=0}^{\infty}\alpha_n(z-z_0)^n$ 绝对收敛，当 $|z-z_0|>R$ 时，级数 $\sum\limits_{n=0}^{\infty}\alpha_n(z-z_0)^n$ 发散；

（2）如果 $R=+\infty$，那么级数 $\sum\limits_{n=0}^{\infty}\alpha_n(z-z_0)^n$ 在复平面上每一点绝对收敛；

（3）如果 $R=0$，那么级数 $\sum\limits_{n=0}^{\infty}\alpha_n(z-z_0)^n$ 在复平面上除去 $z=z_0$ 外每一点发散。

这个定理将复幂级数的收敛性问题成功地转化为实幂级数的收敛性问题，而大家知道，对实幂级数，它的收敛性问题可以说是已经解决了，因此通过这个定理，我们也就解决了复幂级数的敛散性判别问题。

这个定理的证明也很简单。我这里就不写了，你们自己可以试着写写看。"

阿贝尔说道："你这样就把求 $\sum\limits_{n=0}^{\infty}\alpha_n(z-z_0)^n$ 的收敛半径的问题归结成求 $\sum\limits_{n=0}^{\infty}|\alpha_n|x^n$ 的收敛半径的问题了。那么根据高等数学中的知识，常见情况下，

可以用达朗贝尔法则或柯西法则求出。对于一般情况，则可用柯西-阿达马公式求出，因此，有下面的定理（柯西-阿达马公式）：

如果下列条件之一成立：

（1） $l = \lim\limits_{n \to +\infty} \left| \dfrac{\alpha_{n+1}}{\alpha_n} \right|$；

（2） $l = \lim\limits_{n \to +\infty} \sqrt[n]{|\alpha_n|}$；

（3） $l = \overline{\lim\limits_{n \to +\infty}} \sqrt[n]{|\alpha_n|}$；

其中取极限运算符号上面加一横表示'上极限'，定义稍后给出。这样，级数 $\sum\limits_{n=0}^{\infty} \alpha_n (z - z_0)^n$ 的收敛半径

$$R = \begin{cases} \dfrac{1}{l}, & l \neq 0, l \neq +\infty \\ 0, & l = +\infty \\ +\infty, & l = 0 \end{cases}$$

而且，可以看出，公式中的 l 总是存在的，为方便证明柯西-阿达马公式，给一个上极限的定义：

设有实数序列 $\{a_n\}$，数 $L \in (-\infty, +\infty)$ 满足下列条件：任给 $\varepsilon > 0$，①至多有有限个 $a_n > L + \varepsilon$；②有无穷个 $a_n > L - \varepsilon$，那么说序列 $\{a_n\}$ 的上极限是 L，记作

$$\overline{\lim\limits_{n \to +\infty}} a_n = L$$

如果任给 $M > 0$，有无穷个 $a_n > M$，那么说序列 $\{a_n\}$ 的上极限是 $+\infty$，记作

$$\overline{\lim\limits_{n \to +\infty}} a_n = +\infty$$

如果任给 $M > 0$，至多有有限个 $a_n > -M$，那么说序列 $\{a_n\}$ 的上极限是 $-\infty$，记作

$$\overline{\lim\limits_{n \to +\infty}} a_n = -\infty$$

上极限是极限概念的拓展，例如，$\left\{ \sin \dfrac{n\pi}{4} \right\}$ 的上极限是 1，$\{n + (-1)^n n\}$ 的上极限是 $+\infty$，$\{-n\}$ 的上极限是 $-\infty$。

现在可以给出柯西-阿达马公式的证明，证明的思路是用定义，从定义推导出定理，数学味道比较浓。如果你选择相信该公式，那这个证明你就可以跳

过去了。

设 $0 < l < +\infty$ ，任意取定 z' ，使得 $|z'-z_0| < \dfrac{1}{l}$ 。可以找到 $\varepsilon > 0$ ，使得 $|z'-z_0| < \dfrac{1}{l+2\varepsilon}$ 。又由极限的定义，存在着 $N>0$ ，使得当 $n>N$ 时，

$$\sqrt[n]{|\alpha_n|} < l+\varepsilon$$

从而

$$|\alpha_n||z'-z_0|^n < \left(\frac{l+\varepsilon}{l+2\varepsilon}\right)^n$$

因此级数 $\displaystyle\sum_{n=0}^{\infty}\alpha_n(z-z_0)^n$ 在 $z=z'$ 时绝对收敛。由于 z' 的任意性，得到此级数在 $|z-z_0| < \dfrac{1}{l}$ 内绝对收敛。

另一方面，取定 z'' ，使得 $|z''-z_0| > \dfrac{1}{l}$ 。可以找到 $\varepsilon \in \left(0, \dfrac{l}{2}\right)$ ，使得 $|z''-z_0| > \dfrac{1}{l-2\varepsilon}$ 。又由上极限的定义，有无穷多个 α_n ，满足 $\sqrt[n]{|\alpha_n|} > l-\varepsilon$ ，即满足

$$|\alpha_n||z''-z_0|^n > \left(\frac{l-\varepsilon}{l-2\varepsilon}\right)^n$$

因此，级数 $\displaystyle\sum_{n=0}^{\infty}\alpha_n(z-z_0)^n$ 在 $z=z''$ 时发散，从而此级数在 $|z-z_0| > \dfrac{1}{l}$ 内发散。"

这时韩素突然想起了什么，对着阿贝尔说道："忘记告诉你了，他们给出了一个高等数学中没有提到的概念，就是解析性。"接着把解析的定义说了一遍。

阿贝尔点点头，想了一下说："收敛域内，幂级数的和函数也是解析的，写成如下的定理：

（1）幂级数 $\displaystyle\sum_{n=0}^{\infty}c_n(z-a)^n$ 的和函数 $f(z)$ 在其收敛圆

$$D: |z-a| < R(0 < R \leqslant +\infty)$$

内解析。

（2）在 D 内，幂级数 $f(z)=\sum\limits_{n=0}^{\infty}c_n\,(z-a)^n$ 可以逐项求导至任意阶，即

$$f^{(p)}(z)=p!\,c_p+(p+1)p\cdots 2c_{p+1}(z-a)+\cdots+n(n-1)\cdots(n-p+1)c_n(z-a)^{n-p}+\cdots(p=1,2,\cdots)$$

且其收敛半径与 $f(z)=\sum\limits_{n=0}^{\infty}c_n\,(z-a)^n$ 的收敛半径相同。

（3） $c_p=\dfrac{f^{(p)}(a)}{p!}(p=0,1,2,\cdots)$。

证明：根据幂级数收敛定理，幂级数 $\sum\limits_{n=0}^{\infty}c_n\,(z-a)^n$ 在其收敛圆

$$D:|z-a|<R(0<R\leqslant +\infty)$$

内内闭一致收敛于 $f(z)$，而其各项 $c_n\,(z-z_0)^n(n=0,1,2,\cdots)$ 又都在复平面上解析，本定理的（1）（2）部分得证。逐项求 p 阶导数 $(p=0,1,2,\cdots)$，得

$$c_p=\frac{f^{(p)}(a)}{p!}\quad(p=1,2,\cdots)$$

注意到 $c_0=f(a)=f^{(0)}(a)$ 即得。

不仅如此，我还能证明：收敛幂级数可沿收敛域内曲线 C 逐项积分，且积分后的幂级数收敛半径与原级数相同。"

刘云飞赞许地说："不错不错，这幂级数的性质果然好。不过这么好的幂级数有多少用处啊？"

一旁站出来一个大汉，大声说道："我看出来了。实的幂级数可以用来近似任意一个充分光滑的实函数，那复幂级数也应该能用来近似某些复函数。"

韩素捅捅刘云飞，小声说道："这就是大名鼎鼎的泰勒[⊖]。"

刘云飞对泰勒也很钦佩，示意他说下去。

泰勒说道："像在高等数学中做过的那样，因为解析函数是任意阶可导的，所以我觉得都可以在收敛域内展开成幂级数，写成定理形式：

设函数 $f(z)$ 在区域 D 内解析， $a\in D$，圆盘 $K:|z-a|<R$ 含于 D，那么在 K 内， $f(z)$ 能展开成幂级数

⊖　泰勒（Taylor，1685—1731），英国数学家，他主要以泰勒公式和泰勒级数出名。

$$f(z)=f(a)+\frac{f'(a)}{1!}(z-a)+\frac{f''(a)}{2!}(z-a)^2+\cdots+$$

$$\frac{f^{(n)}(a)}{n!}(z-a)^n+\cdots$$

其中系数 $c_n=\dfrac{1}{2\pi i}\int_C\dfrac{f(\zeta)}{(\zeta-z)^{n+1}}\mathrm{d}\zeta=\dfrac{f^{(n)}(a)}{n!}$。

这个定理的证明，我将突破实函数泰勒展开的做法。在高等数学中，我们说，只要 $f(x)$ 在 x_0 的某个邻域内有任意阶导数，则总可以构造一个幂级数：

$$\sum_{n=0}^{\infty}\frac{f^{(n)}(x_0)}{n!}(x-x_0)^n$$

然后去证明，它收敛于 $f(x)$；另一方面，又说，如果 $f(x)$ 能展开成幂级数

$$\sum_{n=0}^{\infty}a_n(x-x_0)^n$$

的话，那必定有 $a_n=\dfrac{f^{(n)}(x_0)}{n!}$，从而说明泰勒展开的唯一性。而在这里，由于有柯西积分公式的存在，我们换一个套路，不过需要用到级数的一个公式：

$$\frac{1}{1-\alpha}=1+\alpha+\alpha^2+\cdots+\alpha^n+\cdots(\,|\alpha|<1)$$

利用这个式子，可以把柯西积分公式中的 $\dfrac{1}{\zeta-z}$ 展开成级数，自然能导出一个幂级数。下面我就来写这个证明，不明白的可以随时指出来。

证明： 设 $z\in D$。以 a 为中心，在 D 内作一个圆 C，使 z 属于其内区域。则有

$$f(z)=\frac{1}{2\pi i}\int_C\frac{f(\zeta)}{\zeta-z}\mathrm{d}\zeta$$

由于当 $\zeta\in C$ 时，

$$\left|\frac{z-a}{\zeta-a}\right|=q<1$$

又因为

$$\frac{1}{1-\alpha}=1+\alpha+\alpha^2+\cdots+\alpha^n+\cdots(\,|\alpha|<1)$$

所以

$$\frac{1}{\zeta - z} = \frac{1}{\zeta - a - (z - a)} = \frac{1}{\zeta - a} \cdot \frac{1}{1 - \dfrac{z - a}{\zeta - a}}$$

$$= \sum_{n=0}^{\infty} \frac{(z - a)^n}{(\zeta - a)^{n+1}}$$

上式的级数当 $\zeta \in C$ 时一致收敛。

把上面的展开式代入积分中，然后利用一致收敛级数的性质，得

$$f(z) = c_0 + c_1(z-a) + \cdots + c_n(z-a)^n + \cdots$$

其中，

$$c_n = \frac{1}{2\pi i} \int_C \frac{f(\zeta)}{(\zeta - z)^{n+1}} d\zeta = \frac{f^{(n)}(a)}{n!} (n = 0, 1, 2, \cdots; \quad 0! = 1)$$

由于 z 是 C 内任意一点，定理的结论成立。

下面证明展开式的唯一性。

设另有展开式 $f(z) = \sum_{n=0}^{\infty} c_n'(z - a)^n$，则按照实函数泰勒展开同样的方法可知

$$c_n' = \frac{f^{(n)}(a)}{n!} = c_n \quad (n = 0, 1, 2, 3, \cdots)$$

故展开式是唯一的。"

刘云飞仔细检查了定理的表述和证明过程，不由得钦佩地说："这个定理很好。它的重要性在于它圆满地解决了复变函数幂级数的两大问题：第一大问题是将解析函数展成幂级数的三个基本理论问题，在何处可展，怎么展，展开式是否唯一；第二大问题是解析函数与幂级数是否等价的问题。根据这个定理，我们可以得到解析函数的又一等价条件：函数 $f(z)$ 在区域 G 内解析的充分必要条件是 $f(z)$ 在 G 内任意一点 a 的某个邻域内可展成幂级数。这就从直观上解释了解析函数的意义：可以解开成幂级数的函数。"

"哈哈，哈哈！"

一旁的魏尔斯特拉斯忍不住大笑："这其实就是我给出的一个定理：

函数 $f(z)$ 在一点 a 解析的充分必要条件是：它在 a 的某个邻域内有幂级数展开式。这个展开式称为 $f(z)$ 在点 a 的泰勒展开式，等号右边的级数则称为泰勒级数。被你抢着说了。"

至此，众人对解析这个概念有了更为深刻的认识。

泰勒得理不饶人，说道："有了这个幂级数展开，我们就可以研究和函数在其收敛圆周上的状况了。

定理 1　如果幂级数 $\displaystyle\sum_{n=0}^{\infty} c_n (z-a)^n$ 的收敛半径 $R>0$ 且

$$f(z) = \sum_{n=0}^{\infty} c_n (z-a)^n \quad (z \in D: |z-a| < R)$$

则 $f(z)$ 在收敛圆周 $K: |z-a|=R$ 上至少有一奇点，即不可能有这样的函数 $f(z)$ 存在，它在 $|z-a|<R$ 内与 $f(z)$ 恒等，而在 K 上处处解析。

也就是说，纵使幂级数在其收敛圆周上处处收敛，其和函数在收敛圆周上仍然至少有一个奇点。这个定理就说清了幂级数收敛性及其和函数的解析性。对存在非零非无穷收敛半径的幂级数，存在一个圆周，它是幂级数收敛域与发散域的分界线，圆里头处处收敛，和函数解析，外头处处发散，而在圆周上可能收敛也可能发散，即使收敛，和函数也不会处处解析。

下面看看常用函数 e^z、$\sin z$、$\cos z$ 在 $z=0$ 的泰勒展开式吧！

由于 $(e^z)' = e^z$，所以 $(e^z)^{(n)}|_{z=0} = 1$，因此

$$e^z = 1 + z + \frac{1}{2!}z^2 + \cdots + \frac{1}{n!}z^n + \cdots$$

同理，有

$$\cos z = 1 - \frac{1}{2!}z^2 + \frac{1}{4!}z^4 - \cdots + (-1)^{n-1}\frac{1}{(2n)!}z^{2n} + \cdots$$

$$\sin z = z - \frac{1}{3!}z^3 + \frac{1}{5!}z^5 - \cdots + (-1)^{n-1}\frac{1}{(2n-1)!}z^{2n-1} + \cdots$$

这些展开式也可以作为复函数的定义方式，它与我们前面以欧拉公式为基础的复函数定义方式是一样的。由上面的展开式我们也能很容易地推导出欧拉

公式，大家可以自己试试看。

像对数函数这样的多值函数，可以将复平面划分为多个区域，在每一个区域内，多值函数变成单值函数，如果它还解析的话，就形成一个解析分支，可以做出这些分支的泰勒展开式。

比如，求 $\ln(1+z)$ 的下列解析分支在 $z=0$ 的泰勒展开式：
$$\ln(1+z)=\ln|1+z|+\mathrm{i}\arg(1+z),\quad -\pi<\arg(1+z)<\pi$$

解：已给解析分支在 $z=0$ 的值为 0，它在 $z=0$ 的一阶导数为 1，二阶导数为 -1，n 阶导数为 $(-1)^n(n-1)!$，$\cdots$，因此，它在 $|z|<1$ 的泰勒展开式是
$$\ln(1+z)=z-\frac{z^2}{2}+\frac{z^3}{3}-\cdots+(-1)^{n-1}\frac{z^n}{n}+\cdots$$

其收敛半径为 1。

再如：求 $(1+z)^\alpha$ 的解析分支在 $z=0$ 的泰勒展开式（其中 α 不是整数），$\mathrm{e}^{\alpha\ln(1+z)}(\ln 1=0)$。

解：已给解析分支在 $z=0$ 的值为 1，它在 $z=0$ 的一阶导数为 α，二阶导数为 $\alpha(\alpha-1)$，n 阶导数为 $\alpha(\alpha-1)\cdots(\alpha-n+1)$，$\cdots$，因此，它在 $z=0$ 或在 $|z|<1$ 的泰勒展开式是

$$\mathrm{e}^{\alpha\ln(z+1)}=1+\alpha z+\binom{\alpha}{2}z^2+\cdots+\binom{\alpha}{n}z^n+\cdots$$

其中 $\binom{\alpha}{n}=\dfrac{\alpha(\alpha-1)\cdots(\alpha-n+1)}{n!}$，其收敛半径为 1。

这是二项式定理的推广。"

刘云飞望着一脸春风得意的泰勒说道："把一般函数展开成幂级数有什么好，不过就是求近似值方便点。将来的人们有了计算机之后，求函数值根本不是事。"

泰勒呵呵一笑，说道："好你个无知的家伙。将来计算机求函数值，大多数时候也是通过展开成幂级数实现的，只不过这个过程内置在软件中，一般用户看不到就是了。不过我今天不跟你说这个事。我告诉你，利用幂级数展开式，还可以研究解析函数的特点，比如解析函数零点的孤立性。"

这一点刘云飞倒是很想了解一下，因为他知道，函数的零点是函数非常重要的特征。于是他以期盼的眼神等着泰勒说下去。

泰勒不紧不慢地卖着关子："我先定义零点吧。设函数 $f(z)$ 在解析区域 D 内一点 a 的值为零，那么称 a 为 $f(z)$ 的零点。"

刘云飞恨恨地想，这是为了凑字数吗？是不是出版社按字数算稿酬啊？零点的概念在初中就有了，这里还有必要再重复一遍吗?!

泰勒没有理会刘云飞，继续说道："注意这个定义强调了是解析区域内函数值为零的点才是这里关注的零点。设 $f(z)$ 在 U 内的泰勒展开式是

$$f(z)=c_1(z-a)+c_2(z-a)^2+\cdots+c_n(z-a)^n+\cdots$$

现在可能有下列两种情形：

（1）如果当 $n=1,2,3,\cdots$ 时，$c_n=0$，那么 $f(z)$ 在 U 内恒等于零。

（2）如果 $c_1,c_2,\cdots,c_n,\cdots$ 不全为零，并且对于正整数 m，$c_m\neq0$，而对于 $n<m$，$c_n=0$，那么我们说 a 是 $f(z)$ 的 m 阶零点。按照 $m=1$，或 $m>1$，我们说 z_0 是 $f(z)$ 的单零点或 m 阶零点。

如果 a 是解析函数 $f(z)$ 的一个 m 阶零点，那么显然在 a 的一个邻域 D 内，

$$f(z)=(z-a)^m\varphi(z),\varphi(a)\neq0$$

其中 $\varphi(z)$ 在 U 内解析。因此存在一个正数 $\varepsilon>0$，使得当 $0<|z-a|<\varepsilon$ 时，$\varphi(z)\neq0$，此时 $(z-a)\neq0$，所以 $f(z)\neq0$。换而言之，存在着 a 的一个邻域，其中 a 是 $f(z)$ 的唯一零点。

定理2　设函数 $f(z)$ 在 z_0 解析，且 z_0 是它的一个零点，那么或者 $f(z)$ 在 z_0 的一个邻域内恒等于零，或者存在着 z_0 的一个邻域，在其中 z_0 是 $f(z)$ 的唯一零点。

根据这个定理我们可以发现，解析函数的零点，要么连成一片，要么是孤立的，这个性质称为解析函数零点的孤立性。

由此我们发现，若①函数 $f(z)$ 在邻域 $U:|z-a|<R$ 内解析；②在 U 内有 $f(z)$ 的一列零点 $\{z_n\}$（$z_n\neq a$）收敛于 a（或者 $f(z)$ 在 U 内某一子区域上恒等于 0），则 $f(z)$ 在 U 内恒为零。"

刘云飞满不在乎地说道："多项式的零点不就是孤立地分布的吗？哪里有

什么不孤立的零点？你这个定理没啥意思。"

泰勒说道："不是的。我给你举个例子，就在实数域里说吧！

令 $$f(x)=\begin{cases}1, & x \text{ 为}[0,1]\text{上的无理数} \\ 0, & x \text{ 为}[0,1]\text{上的有理数}\end{cases}$$

这个函数的每一个零点都不是孤立的。"

刘云飞一看到这个函数，就嗔怪地说："你又来了，能不能不要拿这种变态的函数说事，举一个正常点的例子？"

泰勒无奈地笑笑说："好吧，看这个函数

$$f(x)=\begin{cases}x\sin\dfrac{1}{x}, & x\neq 0 \\ 0, & x=0\end{cases}$$

正常吧？$x=0$ 是它的一个零点，但不是孤立零点，因为 $x=1/(n\pi)$ 也都是它的零点。当然这两个函数的零点都不是在其解析区域内，前一个函数也没有解析区域，所以我们前面特别指出，是'解析函数'的零点。"

看到刘云飞频频点头，泰勒说道："不仅如此，在解析的前提下，我们还能得出函数表达式的唯一性。

我们知道，在高等数学中，已知一个有导数或偏导数的一元或多元函数在它的定义范围内某一部分的函数值，完全不能断定同一个函数在其他部分的函数值。但解析函数的情形和这不同：已知某一个解析函数在它区域内某些部分的值，同一函数在这区域内其他部分的值就可完全确定。

定理 3(解析函数的唯一性定理)　设函数 $f(z)$ 及 $g(z)$ 在区域 D 内解析。设 z_k 是 D 内彼此不同的点$(k=1,2,3,\cdots)$，并且点列$\{z_k\}$ 在 D 内有极限点。如果 $f(z_k)=g(z_k)(k=1,2,3,\cdots)$，那么在 D 内，$f(z)\equiv g(z)$。

证明：用反证法。假定定理的结论不成立。即在 D 内，解析函数 $F(z)=f(z)-g(z)$ 不恒等于 0。显然 $F(z_k)=0(k=1,2,\cdots)$。设 z_0 是点列$\{z_k\}$ 在 D 内的极限点。由于 $F(z)$ 在 z_0 连续，可见 $F(z_0)=0$。可是这时找不到 z_0 的一个邻域，在其中 z_0 是 $F(z)$ 唯一的零点，与解析函数零点的孤立性矛盾。"

刘云飞佩服地说道："这就太神奇了。部分决定整体哎！"

泰勒说："举个例子：在复平面解析、在实数轴上等于 $\sin x$ 的函数只能是 $\sin z$。

因为，设 $f(z)$ 在复平面解析，并且在实轴上等于 $\sin x$，那么 $f(z)-\sin z$ 在实轴等于零，由解析函数的唯一性定理，在复平面上 $f(z)-\sin z=0$，即 $f(z)=\sin z$。"

刘云飞近乎惊讶，连连赞叹："这幂级数，了不起了不起！如果我嫌原先的函数定义域小了，未能包含我关心的范围，那我是不是就可以按照你这办法来扩大定义域呢？"

泰勒肯定地说道："当然可以。将一个在一定区域 b 上解析的函数 $f(z)$ 延拓到一个更大的区域 B 上，此时在 B 上可以找到另一个函数 $F(z)$，使得 $F(z)$ 在区域 b 上有 $F(z)=f(z)$，这就称为解析延拓。举个例子比较容易说清楚：

由 $f(z)=\sin z=\dfrac{z}{1!}-\dfrac{z^2}{3!}+\dfrac{z^5}{5!}-\cdots$，$|z|<+\infty$ 在整个复平面上解析，但 $f(z)=\dfrac{\sin z}{z}$ $=1-\dfrac{z^2}{3!}+\dfrac{z^4}{5!}-\cdots$，$0<|z|<+\infty$ 在 $z_0=0$ 处不解析。

若定义：

$$F(z)=\begin{cases}\dfrac{\sin z}{z}=1-\dfrac{z^2}{3!}+\dfrac{z^5}{5!}-\cdots, & 0<|z|<+\infty \\[2mm] 1, & z=0\end{cases}$$

显然 $F(z)$ 在全复平面上解析，可视为 $f(z)$ 的延拓（$0<|z|<+\infty$ 延拓至 $|z|<+\infty$）。"

刘云飞不仅竖起了大拇指。

泰勒受到鼓舞："还有哪还有哪！

定理 4（最大模原理） 设函数 $f(z)$ 在区域 D 内解析，则 $|f(z)|$ 在 D 内任何点都不能达到最大值，除非在 D 内 $f(z)$ 恒等于常数。

证明：如果用 M 表示 $|f(z)|$ 在 D 内的最小上界，则有 $0<M<+\infty$。假定在 D 内有一点 z_0，函数 $f(z)$ 的模在 z_0 达到它的最大值，即 $|f(z)|=M$。

应用平均值定理于以 z_0 为中心，并且连同它的周界一起都全含于区域 D 内

的一个圆 $|z-z_0|<R$，就得到

$$f(z_0) = \frac{1}{2\pi}\int_0^{2\pi} f(z_0 + Re^{i\varphi})\,\mathrm{d}\varphi$$

由此推出

$$|f(z_0)| \leqslant \frac{1}{2\pi}\int_0^{2\pi} |f(z_0 + Re^{i\varphi})|\,\mathrm{d}\varphi$$

由于

$$|f(z_0+Re^{i\varphi})| \leqslant M, \quad \text{而} |f(z_0)| = M$$

于是可以推出，对于任何 $\varphi(0 \leqslant \varphi \leqslant 2\pi)$，

$$|f(z_0+Re^{i\varphi_0})| = M$$

事实上，对于某一个值 $\varphi=\varphi_0$ 有

$$|f(z_0+Re^{i\varphi})| < M$$

那么根据 $|f(z)|$ 的连续性，不等式 $|f(z_0+Re^{i\varphi})| < M$ 在某个充分小的邻域区间 $\varphi_0-\varepsilon<\varphi<\varphi_0+\varepsilon$ 内成立。同时在这个区间外，总是

$$|f(z_0+Re^{i\varphi})| \leqslant M$$

在这样的情况下，得

$$M = |f(z_0)| \leqslant \frac{1}{2\pi}\int_0^{2\pi} |f(z_0 + Re^{i\varphi})|\,\mathrm{d}\varphi < M$$

矛盾，因此我们已经证明了：在以点 z_0 为中心的每一个充分小的圆周上，有 $|f(z)|=M$，换句话说，在 z_0 点的足够小的邻域 U 内（U 及其周界全含于 D 内）有 $|f(z)|=M$。所以 $f(z)$ 在 U 内为一常数，再由唯一性定理，$f(z)$ 必在 D 内为一常数。

由此定理可得：设

（1）函数 $f(z)$ 在有界区域 D 内解析，在闭域 $\overline{D}=D+\partial D$ 上连续；

（2）$|f(z)| \leqslant M(z\in\overline{D})$，

则除 $f(z)$ 为常数的情景外 $|f(z)| < M(z\in D)$。"

刘云飞上去一把握住泰勒的手，激动地说："多谢多谢，多谢你带来的这些成果。基于级数一般理论，咱们对幂级数进行了深入的研究，把复函数项幂

级数的敛散性判定问题转化为实幂级数的敛散性判定，确定了幂级数的收敛域是一个圆，给出了幂级数收敛半径的计算方法，论证了幂级数的和函数解析的条件，最重要的是，证明了解析函数都有唯一的幂级数展开式，提供了展开方法，利用幂级数展开式，研究了解析函数零点的孤立性和解析延拓，以及解析函数的有界性，基本上建立了解析函数幂级数展开从概念到理论到方法再到应用的整个体系，真的很了不起！"

泰勒笑笑说道："没有你说的那么夸张，一点皮毛而已。这门课本来就是打基础的，给读者提供个入门知识，更深入的理论需要到数学专业的课程中去找，不过你的这个梳理倒是蛮好的，给读者提供一个知识脉络。"

泰勒的话刚落地，众人忽听房上瓦片呼啦啦一阵响，有人在房上偷听！不用下令，几个身手敏捷的汉子纵身跃出厅外。

欲知后事，请看下回。

第十七回
洛朗跟风幂级数　正幂负幂一笼统

　　阅读提示： 本回介绍洛朗级数以及函数的洛朗展开，这是幂级数和幂级数展开的推广，与幂级数有同样的意义和作用。基于洛朗展开导出的留数定理，更是本门课程最重要的成果。

　　一阵噼噼啪啪的打斗之后，一个身材魁梧的大汉被倒剪双臂押了进来，韩素定睛一看，急忙走上前去，分开众人，紧紧握住来人的双手，大声喊道："哎呀哎呀，真是大水冲了龙王庙，一家人不认识一家人。再说，您老这么大岁数，咋还喜欢开玩笑，干出这事来？"转头给众人介绍："这就是大名鼎鼎的洛朗。"来人倒也不觉得尴尬，抱着拳晃悠了一圈，打个哈哈："得罪得罪，让大家见笑了！"韩素对众人说道："洛朗也是研究函数的大师，一贯放荡不羁，喜欢开玩笑。"转过来对洛朗说道："你这是干吗来了？"

　　洛朗找个地方坐下，说道："我正在寻找一种把函数分解成简单部分加权和的方法。无意间看到泰勒级数展开，发现泰勒展开是将函数 $f(z)$ 在解析域的展开，若在不解析域中（有奇点）时，就不能再将函数展为泰勒级数了，我刚才听你们一说，解析函数有奇点时，奇点是孤立的呀！这不就可以把奇点挖去，考虑在挖去奇点的环域上展开吗！一激动，脚下一滑，就被你们发现了。要不是我一时大意，再多的人也发现不了我。"

　　刘云飞一看这人比自己还无厘头，内心一阵窃喜，找到知音的感觉。忙嬉皮笑脸地说："说说，说说，你具体的想法是什么？"

洛朗说道："我来先定义个双边幂级数。给出一个幂级数

$$\sum_{n=0}^{\infty} c_n (z-a)^n = c_0 + c_1(z-a) + \cdots + c_n (z-a)^n + \cdots$$

和负幂级数

$$\sum_{n=1}^{\infty} c_{-n} (z-a)^{-n} = c_{-1} (z-a)^{-1} + \cdots + c_{-n} (z-a)^{-n} + \cdots$$

这两个级数相加所得的形如

$$\sum_{n=1}^{\infty} c_{-n} (z-a)^{-n} + \sum_{n=0}^{\infty} c_n (z-a)^n$$

$$= c_{-1}(z-a) + \cdots + c_{-n} (z-a)^{-n} + \cdots + c_0 + c (z-a)^{-1} + \cdots + c_n (z-a)^n + \cdots$$

的级数，称为双边幂级数，$\sum_{n=1}^{\infty} c_{-n} (z-a)^{-n} + \sum_{n=0}^{\infty} c_n (z-a)^n$ 简记为

$$\sum_{n=-\infty}^{\infty} c_n (z-a)^n$$

如果级数 $\sum_{n=1}^{\infty} c_{-n} (z-a)^{-n}$ 和 $\sum_{n=0}^{\infty} c_n (z-a)^n$ 同时收敛，则称双边幂级数

$\sum_{n=-\infty}^{\infty} c_n (z-a)^n$ 收敛，其和为这两个级数的和函数相加。否则称双边幂级数

$\sum_{n=-\infty}^{\infty} c_n (z-a)^n$ 发散。

那么这个双边幂级数 $\sum_{n=-\infty}^{\infty} c_n (z-a)^n$ 的收敛范围怎么确定呢？当然是和式中那个幂级数和负幂级数的收敛域的公共部分。

对 $\sum_{n=0}^{\infty} c_n (z-a)^n$，设它的收敛半径为 $R>0$，则它在其收敛圆 $|z-a|<R$（$0<R\leqslant+\infty$）内收敛于一个解析函数 $f_1(z)$；

对 $\sum_{n=1}^{\infty} c_{-n} (z-a)^{-n}$，作变换 $\zeta=\dfrac{1}{z-a}$，它可转换成一个幂级数 $\sum_{n=1}^{\infty} c_{-n}\zeta^n$，设此幂级数的收敛半径为 $\dfrac{1}{r}$（$r\geqslant0$），则 $\sum_{n=1}^{\infty} c_{-n}\zeta^n$ 在其收敛圆 $|\zeta|<\dfrac{1}{r}$ 内收敛于一个

解析函数，从而 $\sum\limits_{n=1}^{\infty} c_{-n}(z-a)^{-n}$ 在 $|z-a|>r$ 时也收敛于一个解析函数 $f_2(z)$。

这样，当 $r<R$ 时，双边幂级数 $\sum\limits_{n=-\infty}^{\infty} c_n(z-a)^n$ 就在圆环 $H:r<|z-a|<R$ 内收敛，且收敛于解析函数 $f_1(z)+f_2(z)$，$z\in H$，这个圆环也称为收敛圆环。"

刘云飞一看："你好滑头。你这不就是泰勒级数的推广吗？加了一个负幂级数项。幂级数的收敛域在圆内，负幂级数的收敛域在圆外，它们如果有公共区域的话，那公共区域就一定是圆环。"

韩素倒是发现了一些窍门，小心地问道："洛朗你是不是想说，某些不解析的函数，如果能找到一个圆环，使函数在这个圆环上解析，那么这个函数也可以展开成简单形式的级数呀？"

洛朗哈哈大笑："正是正是。

若函数 $f(z)$ 在圆环形区域 $D:R_1\leqslant|z-z_0|\leqslant R_2$ 上解析，则 $f(z)$ 在该圆环形区域内必可展成双边幂级数

$$f(z)=\sum_{n=-\infty}^{\infty} c_n(z-z_0)^n$$

其中 $c_n=\dfrac{1}{2\pi i}\displaystyle\int_C \dfrac{f(z)}{(z-z_0)^{n+1}}\mathrm{d}z(n=0,\pm1,\pm2,\cdots)$，$C$ 是正向圆周 $|z-z_0|=\rho$，ρ 是满足 $R_1<\rho<R_2$ 的任意实数。

此定理的证明方法与泰勒定理的证明类似。不过，除了应用公式

$$\frac{1}{1-\alpha}=1+\alpha+\alpha^2+\cdots+\alpha^n+\cdots(|\alpha|<1)$$

之外，还用到了

$$\frac{1}{1-\dfrac{1}{\beta}}=1+\beta^{-1}+\beta^{-2}+\cdots+\beta^{-n}+\cdots(|\beta|>1)$$

具体的证明过程我就不写了吧！感兴趣的可以去看其他的教材或者参考书。我就不跟大家客气了，就把定理中的等式 $f(z)=\sum\limits_{n=-\infty}^{\infty} c_n(z-z_0)^n$ 称为函数 $f(z)$ 在点 z_0 的洛朗展开式，而系数 $c_n(n=0,1,2,\cdots)$ 称为洛朗系数，展开式右

边的级数称为洛朗级数。

当圆环 $H:r<|z-z_0|<R$ 中 $r=0$ 时，$f(z)$ 在圆域 $|z-z_0|<R$ 内的展开式变为 $f(z)=\sum\limits_{n=0}^{\infty}c_n(z-z_0)^n$，它恰好是 $f(z)$ 的幂级数展开式，因此，圆域内解析函数的幂级数展开式只不过是洛朗展开式的特殊情形。

设双边幂级数 $f(z)=\sum\limits_{n=-\infty}^{\infty}c_n(z-z_0)^n$ 的收敛圆环为 $H:r<|z-z_0|<R(r\geqslant0,0<R\leqslant+\infty)$，则

（1）$\sum\limits_{n=-\infty}^{\infty}c_n(z-z_0)^n$ 在其收敛圆环内绝对收敛。

（2）$f(z)$ 在收敛圆环内解析且 $\sum\limits_{n=-\infty}^{\infty}c_n(z-z_0)^n$ 在收敛圆环内可逐项求任意阶导数。

（3）$f(z)$ 可沿 $H:r<|z-z_0|<R$ 内的任一条简单曲线 C 逐项积分。

韩素盯着洛朗看了一会儿，对着刘云飞小声嘀咕："这洛朗级数好像没有比泰勒级数高明多少，就是展开式多了点负幂项，展开区域变成圆环，展开条件变成有孤立奇点嘛！"

刘云飞也有同感，他悄悄地对韩素说："我觉得也是。幂级数展开可以认为有四个要素：展开条件、区域、系数和表达式，从这四个方面一对比，这洛朗级数跟泰勒级数比好像只是条件的放宽、范围和形式的改变，的确没有革命性的创新。"

洛朗似乎听到了他俩的嘀咕，略带不满地说道："我来举两个例子。第一是在 $z_0=0$ 的邻域上把 $\dfrac{\sin z}{z}$ 展开成洛朗级数。我当然要借助泰勒展开的方法。

解：$\sin z=z-\dfrac{z^3}{3!}+\dfrac{z^5}{5!}-\cdots$

$\dfrac{\sin z}{z}=1-\dfrac{z^2}{3!}+\dfrac{z^4}{5!}-\cdots,\quad 0<|z|<+\infty$

再如，在 $1<|z|<\infty$ 的环域上将 $f(z)=\dfrac{1}{z^2-1}$ 展开为洛朗级数，仍然借助泰勒

展开的成果。

解：变形
$$f(z)=\frac{1}{z^2-1}=\frac{1}{z^2}\cdot\frac{1}{1-\frac{1}{z^2}}$$

显然，在 $1<|z|<\infty$ 的环域上 $|t|=\left|\dfrac{1}{z^2}\right|<1$，利用 $\dfrac{1}{1-t}$ 展开式

$$f(z)=\frac{1}{z^2-1}=t(1+t^2+\cdots)$$

$$=\frac{1}{z^2}\sum_{k=0}^{\infty}\left(\frac{1}{z^2}\right)^k=\frac{1}{z^2}+\frac{1}{z^4}+\frac{1}{z^6}+\quad\cdots\quad=\sum_{k=1}^{\infty}\left(\frac{1}{z^2}\right)^k,\quad 1<|z|<+\infty$$

比较以上两例。后一例中，$z_0=0$（展开中心）处函数是解析的（奇点在 $z=\pm1$ 处），前一例中，$z_0=0$（展开中心）是函数的奇点。这两个是不一样的，利用洛朗展开，就可以研究奇点的特性，并根据奇点特性，对函数做进一步研究，为某些运用提供方便。"

刘云飞打断洛朗的话，问道："你觉得这些奇点之间的不同点在什么地方？有些什么用？"

未知洛朗怎样回话，欲知后事，且看下回。

第十八回
刘云飞终有回报　因留数万古传名

阅读提示：本回在给出奇点分类的基础上，介绍著名的留数定理及其在求周线积分和实积分中的应用。

听到刘云飞这么一问，洛朗马上说道："当然不一样。不过，函数在各种原因的奇点处的性质，我们没有办法都能进行深入地研究，只能考虑一些特殊情况。本书只考虑孤立奇点：设 z_0 是 $f(z)$ 的一个奇点，若 $f(z)$ 在 z_0 的任意小邻域内处处可导（除 z_0 点），则称 z_0 是孤立奇点。其余的奇点，留给其他的著作去研究。"

刘云飞抢着说道："明白明白，孤立奇点的意思是就这一点'奇'，其余地方都解析，比如 0 是 $\dfrac{\sin z}{z}$，$\dfrac{1}{z}$ 等函数的孤立奇点，1，2 是 $\dfrac{1}{z^2-3z+2}$ 的孤立奇点，而 0 虽然是 $\ln z$ 的奇点，但却不是孤立奇点，对不对？"

洛朗不怎么喜欢这个快嘴的家伙，但人家说得对，也拿人家没办法，唯一的应对招数就是不理他，顾自说道："即使是孤立奇点，其性质也不一样，这里就可以按照函数的洛朗展开来对孤立奇点进行分类，算是洛朗展开的一个应用吧！这可是泰勒展开不具备的能力。"说着有意无意地瞥了一眼刘云飞和韩素，"你们可以看到，洛朗级数一般都含有正幂部分和负幂部分。正幂部分称为解析部分，负幂部分称为主要部分（或无限部分）。

挖去奇点 z_0 而形成的环形区域的解析函数 $f(z)$ 的洛朗展开形式可分三种情况：

（1）没有负幂项，只有解析部分，比如上一回讲到的 $\frac{\sin z}{z}$ 的展开式

$$\frac{\sin z}{z} = 1 - \frac{z^2}{3!} + \frac{z^4}{5!} - \cdots$$

（2）只有有限的负幂项和解析部分，比如 $\frac{\sin z}{z^2}$ 的展开式

$$\frac{\sin z}{z^2} = \frac{1}{z} - \frac{z}{3!} + \frac{z^2}{5!} - \cdots$$

（3）有无穷多负幂项，比如 $e^{\frac{1}{z}}$ 的展开式

$$e^{\frac{1}{z}} = 1 + \frac{1}{z} + \frac{1}{2!z^2} + \frac{1}{3!z^3} + \cdots$$

我们把对应上述三种情况的奇点分别叫作（1）可去奇点，（2）极点，（3）本性奇点。

对于可去奇点的洛朗级数：

$$f(z) = a_0 + a_1(z-z_0) + a_2(z-z_0)^2 + \cdots$$

当 $z \to z_0$ 时，$\lim\limits_{z \to z_0} f(z) = a_0$ 是一有限定值。此时，我们可以补充定义：

$$F(z) = \begin{cases} f(z), & z \neq z_0 \\ a_0, & z = z_0 \end{cases}$$

对于 $F(z)$ 来说，它在全集平面上（复空间）解析，z_0 不再是奇点，故称 z_0 是可去奇点，即可以通过改变函数在一点处的定义而去掉的奇点。相应的幂级数 $a_0 + a_1(z-z_0) + a_2(z-z_0)^2 + \cdots$ 既是 $f(z)$ 的洛朗级数，又是 $F(z)$ 的泰勒级数，这就相当于高等数学中定义的可去间断点。可去奇点可以当作非奇点来处理。

对于极点情况：

设 m 是主要部分的最大项，则 m 称作极点的阶。$m=1$ 的极点叫一阶极点，又称单极点。对极点 z_0 来说，$\lim\limits_{z \to z_0} f(z) = \infty$。

一般地，当 z_0 是 $f(z)$ 的 m 阶极点时，$(z-z_0)^m f(z)$ 在 z_0 解析。

对本性极点 z_0，$f(z)$ 的极限随 $z \to z_0$ 的方式不同会有不同，也就是说，此时的极限不存在也不为 ∞。"

刘云飞的脑子里忽然蹦出一个念头，急忙收起了他那玩世不恭的态度，严肃地问道："你把函数展开成洛朗级数后，算积分是不是就特别简单了？"

洛朗摇头晃脑地说："岂止是积分简单，干很多事都特别简单。不过你们那复变函数课程就只说了算积分，那就算积分喽！"

尽管刘云飞觉得这人有点世俗，但世道如此，也不能全怪他。于是说道："复变函数积分，积分区域往往是曲线，特别是那种封闭的曲线，也就是围线或者周线。按照柯西的理论，如果这个围线及其所围住的范围在被积函数的解析区域内，那这个积分就是零，否则，围线中有奇点，是不是就遇到你说的孤立奇点的情况了？你是不是想说，这个时候的积分，可以用你的洛朗展开来简化计算？"

洛朗摇头晃脑夸张地说道："聪明啊聪明！贵姓？"

刘云飞说道："免贵姓刘。"

洛朗说道："好吧！我先给个定义。设 $f(z)$ 在 $0 < |z - z_0| < R$ 内解析，z_0 是 $f(z)$ 的孤立奇点，则称积分 $\dfrac{1}{2\pi i} \int_C f(z) \mathrm{d}z$ 为 $f(z)$ 在孤立奇点 z_0 的'刘数'，记作 $\mathrm{Res}(f, z_0)$。其中 $C: |z - z_0| = r, 0 < r < R$，积分沿 C 的正向。"

刘云飞忙不迭地说："别呀别呀，你搞什么呀！叫什么'刘数'呀！"

洛朗正色道："看你辛辛苦苦跑前跑后的，有个成果署个名，也是刷个存在感嘛！"

刘云飞忙说："不用不用，我就一做梦的，梦醒了就拉倒了，用不着留什么名。"

洛朗想了一会儿，调皮地说道："好吧，我们把它称为残数，但保留'留数'的备用名，大家心照不宣吧！"

刘云飞无奈，也存了点私心，就没有反对。后来，"留数"这个名字反而比"残数"更响亮，有更多的人知道。

洛朗接着说道："留数与圆 C 的半径 r 无关，事实上，$0<|z-z_0|<R$ 内，$f(z)$ 的洛朗展开式为

$$f(z) = \sum_{n=-\infty}^{\infty} c_n (z-z_0)^n$$

它在任一圆 C：$|z-z_0|=r(0<r<R)$ 上一致收敛，故逐次积分得

$$2\pi i \int_C f(z)\,\mathrm{d}z = 2\pi i \sum_{n=-\infty}^{\infty} c_n \int_C (z-z_0)^n \mathrm{d}z = c_{-1}$$

即 $\mathrm{Res}(f,z_0)=c_{-1}$，也就是说 $\mathrm{Res}(f,z_0)$ 等于 $f(z)$ 在 z_0 的洛朗展开式中 $\dfrac{1}{z-z_0}$ 这一项的系数，故它与 C 的半径 r 无关。

显然，如果 z_0 为 $f(z)$ 的解析点或可去奇点，则 $\mathrm{Res}(f,z_0)=0$。"

说实话有了自己署名的成果，刘云飞内心里还是有点小兴奋的，他迫不及待地问："这个残数的意义是什么呢？"

洛朗笑道："从上面的那个逐次积分式就可以看出来啦！通过洛朗级数把函数分解成了不同的'分量'，就是积分后为零的分量和不为零的分量，然后一积分，前一部分为零，就这一项残留下来了。"

刘云飞激动地说："明白啦明白啦！残数就是用来方便计算积分的，这种方法把函数中积分为零的归在一起，不为零的归在一起，这样算积分只需要解决后一部分即可，这样可以大大简化复积分的计算哎！"

洛朗也高兴地说道："是的是的，有理有理！"

刘云飞进一步问道："能不能给出几种常见的留数计算公式呢？"

洛朗说道："这还不简单。

（1）设 z_0 为 $f(z)$ 的一阶极点，则在 $0<|z-z_0|<R$ 内有

$$f(z) = \frac{1}{z-z_0}\varphi(z)$$

其中 $\varphi(z)$ 在 $|z-z_0|<R$ 内解析，其泰勒展开式为

$$\varphi(z) = \sum_{n=0}^{\infty} b_n |z-z_0|^n$$

且 $b_0=\varphi(z_0)\neq 0$。于是 $f(z)$ 的洛朗展开式中 $\dfrac{1}{z-z_0}$ 的系数等于 $\varphi(z_0)$，故

$$\text{Res}(f, z_0) = \lim_{z \to z_0}(z - z_0)f(z)$$

（2）若在 $0 < |z - z_0| < R$ 内有 $f(z) = \dfrac{P(z)}{Q(z)}$，且 $P(z)$，$Q(z)$ 均在 $|z - z_0| < R$ 内解析，$P(z_0) \neq 0$ 及 z_0 为 $Q(z)$ 的一阶零点，在 $|z - z_0| < R$ 内 $Q(z) \neq 0 (z \neq z_0)$，于是 z_0 为 $f(z)$ 的一阶极点，得

$$\text{Res}(f, z_0) = \lim_{z \to z_0}(z - z_0)f(z) = \lim_{z \to z_0}(z - z_0)\frac{P(z)}{Q(z) - Q(z_0)} = \frac{P(z_0)}{Q'(z_0)}$$

（3）设 z_0 为 $f(z)$ 的 m 阶极点，则在 $0 < |z - z_0| < R$ 内有 $f(z) = \dfrac{\varphi(z)}{(z - z_0)^m}$ 且 $\varphi(z)$ 在 $|z - z_0| < R$ 内解析，$\varphi(z_0) \neq 0$，根据它的泰勒展开式，$\text{Res}(f, z_0) = b_{m-1}$，显然，$b_{m-1} = \dfrac{\varphi^{(m-1)}(z_0)}{(m-1)!} = \lim_{z \to z_0}\dfrac{\varphi^{(m-1)}(z)}{(m-1)!}$，因而也可按下列公式计算 $\text{Res}(f, z_0)$：

$$\text{Res}(f, z_0) = \frac{1}{(m-1)!}\lim_{z \to z_0}\left[(z - z_0)^m f(z)\right]^{(m-1)}。"$$

刘云飞由衷地赞叹："神奇神奇，太神奇了！这些结果好用吧？"

洛朗摇摇头说道："你不就是想看几个例子吗？没有必要玩心眼。算给你看。

例 1： 求函数 $f(z) = \dfrac{e^{iz}}{1 + z^2}$ 在奇点处的留数。

解： $f(z)$ 有两个一阶极点 $z = \pm i$，于是得

$$\text{Res}(f, i) = \frac{P(i)}{Q'(i)} = \frac{e^{i^2}}{2i} = -\frac{i}{2e}$$

$$\text{Res}(f, -i) = \frac{P(-i)}{Q'(-i)} = \frac{e^{-i^2}}{-2i} = \frac{i}{2}e$$

例 2： 求函数 $f(z) = \dfrac{\cos z}{z^3}$ 在奇点处的留数。

解： $f(z)$ 有一个三阶极点 $z = 0$，故得

$$\operatorname*{Res}_{z=a}(f,0) = \frac{1}{2}\lim_{z\to 0}\left(z^3 \cdot \frac{\cos z}{z^3}\right) = \frac{1}{2}\lim_{z\to 0}(-\cos z) = -\frac{1}{2}$$

例 3：求函数 $f(z) = \dfrac{\mathrm{e}^{\mathrm{i}z}}{z\left(1+z^2\right)^2}$ 在奇点处的留数。

解：$f(z)$ 有一个一阶极点 $z=0$ 与两个二阶极点 $z=\pm\mathrm{i}$，于是可得

$$\operatorname{Res}(f,0) = \lim_{z\to 0}\frac{\mathrm{e}^{\mathrm{i}z}}{\left(1+z^2\right)^2} = 1$$

$$\operatorname{Res}(f,\mathrm{i}) = \lim_{z\to \mathrm{i}}\left[(z-\mathrm{i})^2 \cdot \frac{\mathrm{e}^{\mathrm{i}z}}{z\left(1+z^2\right)^2}\right]' = \lim_{z\to \mathrm{i}}\left[\frac{\mathrm{e}^{\mathrm{i}z}}{z\left(z+\mathrm{i}\right)^2}\right]' = -\frac{3}{4\mathrm{e}}$$

$$\operatorname{Res}(f,-\mathrm{i}) = \lim_{z\to \mathrm{i}}\left[\frac{\mathrm{e}^{\mathrm{i}z}}{z\left(z-\mathrm{i}\right)^2}\right]' = \frac{6+\mathrm{i}}{4}\mathrm{e}$$

够不够？不够再算几个？"

刘云飞尴尬地说："够了够了。不过我还关心，这留数算出来能有什么用呢？"

洛朗说道："那用处可大了。不过更大的应用是在专业课中，咱们讨论数学课，还是在数学范围内讨论留数的应用吧！

比如，留数在积分计算中的应用：

（1）形如 $\displaystyle\int_0^{2\pi} R(\sin x, \cos x)\,\mathrm{d}x$ 的积分，其中 $R(\sin x, \cos x)$ 表示关于 $\sin x$ 与 $\cos x$ 的有理函数且 $R(x)$ 在 $[0,2\pi]$ 上连续。

令 $\mathrm{e}^{\mathrm{i}x}=z$，两边取微分，有 $\mathrm{i}\mathrm{e}^{\mathrm{i}x}\mathrm{d}x=\mathrm{d}z$，即 $\mathrm{i}z\mathrm{d}x=\mathrm{d}z$，从而 $\mathrm{d}x=\dfrac{\mathrm{d}z}{\mathrm{i}z}$ 且

$$\sin x = \frac{\mathrm{e}^{\mathrm{i}x} - \mathrm{e}^{-\mathrm{i}x}}{2\mathrm{i}} = \frac{z^2 - 1}{2\mathrm{i}z}, \quad \cos x = \frac{\mathrm{e}^{\mathrm{i}x} + \mathrm{e}^{-\mathrm{i}x}}{2} = \frac{z^2 + 1}{2z}$$

当 x 由 0 连续地变动到 2π 时，z 连续地在周围 $C: |z|=1$ 上变动一周，故有

$$\int_0^{2\pi} R(\sin x, \cos x)\,\mathrm{d}x = \int_C R\left(\frac{z^2-1}{2\mathrm{i}z}, \frac{z^2+1}{2z}\right)\frac{\mathrm{d}z}{\mathrm{i}z}$$

例 4：求 $\displaystyle\int_0^{2\pi} \frac{\mathrm{d}x}{1 - 2p\cos x + p^2}$ 的值（$0<p<1$）。

解：令 $e^{ix}=z$，则得

$$\int_0^{2\pi} \frac{dx}{1-2p\cos x+p^2} = \frac{-1}{i}\int_C \frac{dz}{pz^2-(p^2+1)+p} = \int_C \frac{dz}{\left(z-\frac{1}{p}\right)(z-p)}$$

由于 $0<p<1$，故在 $|z|\le 1$ 内，被积函数只有一个极点 $z=p$，于是

$$\int_0^{2\pi} \frac{dx}{1-2p\cos x+p^2} = \frac{-1}{ip}\cdot 2\pi i \operatorname{Res}\left[\frac{1}{\left(z-\frac{1}{p}\right)(z-p)}\right]$$

$$= \frac{-2\pi}{p}\lim_{z\to p}\left[(z-p)\frac{1}{\left(z-\frac{1}{p}\right)(z-p)}\right] = \frac{2\pi}{1-p^2}$$

$$\int_0^{2\pi} \frac{dx}{1-2p\cos x+p^2} = \frac{-1}{ip}\cdot 2\pi i \operatorname{Res}\left[\frac{z-p}{\left(z-\frac{1}{p}\right)(z-p)}\right]$$

$$= \frac{-2\pi}{p}\lim_{z\to p}\frac{z-p}{\left(z-\frac{1}{p}\right)(z-p)} = \frac{2\pi}{1-p^2}$$

（2）形如 $\int_0^{2\pi}\frac{P(x)}{Q(x)}dx$ 的积分，其中 $P(x)$ 与 $Q(x)$ 分别为关于 x 的 n 和 m 次多项式，且 $(P(x),Q(x))=1$（即 P，Q 没有公因子），$m-n\ge 2$，$Q(x)\ne 0$。计算这个积分，我们需要借助下述一个引理。

引理　设圆周 $C:|z|=R$ 上的一段弧为 $C_R:|z|=R$，$\alpha<\arg z<\beta$，$f(z)$ 在 C_R（R 充分大）上连续，若 $\forall z\in C_R$ 均有 $\lim\limits_{R\to +\infty} z\cdot f(z)=k$，则

$$\lim_{R\to +\infty}\int_{C_R} f(z)dz = i(\beta-\alpha)k$$

例 5：求 $\int_{-\infty}^{+\infty}\frac{x^2 dx}{x^4-1}$ 的值。

解：令 $f(z)=\dfrac{z^2}{z^4-1}=\dfrac{z^2}{(z^2-1)(z^2+1)}$，选取积分路径如下图所示，

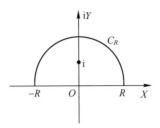

则

$$\int_{-R}^{R} f(x)\,\mathrm{d}x + \int_{C_R} f(z)\,\mathrm{d}z = 2\pi\mathrm{i}\sum_{j=1}^{n}\mathrm{Res}(f,z_j)$$

在 C_R 内，$f(z)$ 有两个一阶极点 $z=1$ 及 $z=\mathrm{i}$，从而

$$2\pi\mathrm{i}\sum_{j=1}^{n}\mathrm{Res}(f,z_j) = 2\pi\mathrm{i}\left(\frac{1}{2} - \frac{1}{4}\mathrm{i}\right) = \frac{\pi}{2} + \pi\mathrm{i}$$

由引理知 $\lim\limits_{R\to+\infty}\int_{C_R} f(z)\,\mathrm{d}z = 0$，故

$$\int_{-\infty}^{+\infty} \frac{x^2\,\mathrm{d}x}{x^4 - 1} = \pi\left(\frac{1}{2} + \mathrm{i}\right)$$

（3）形如 $\int_{-\infty}^{+\infty} \dfrac{P(x)}{Q(x)}\mathrm{e}^{\mathrm{i}\alpha x}\,\mathrm{d}x$ 的积分（$\alpha>0$）

先给出另一个引理：设 $F(z)$ 在半径圆周 C_R：$|z|=R$（$0<\theta<\pi$，R 充分大）

上连续，且 $\forall z\in C_R$ 均有 $\lim\limits_{R\to+\infty} F(z)=0$，则 $\lim\limits_{R\to+\infty}\int_{C_R} F(z)\,\mathrm{e}^{\mathrm{i}\alpha x}\,\mathrm{d}z = 0$。

例 6：求 $\int_{-\infty}^{+\infty} \dfrac{\mathrm{e}^{\mathrm{i}x}}{x^2 + a^2}\mathrm{d}x\,(a > 0)$。

解：令 $F(z) = \dfrac{1}{z^2 + a^2}$，积分路径如上图所示，则 $F(z)$ 在 C_R 内只有一个一阶

极点 $z=a\mathrm{i}$。对于 $\forall z\in C_R$，显然有

$$\int_{-\infty}^{+\infty} \frac{\mathrm{e}^{\mathrm{i}x}}{x^2 + a^2}\mathrm{d}x = \lim_{k\to+\infty}\int_{-R}^{R} \frac{\mathrm{e}^{\mathrm{i}x}}{x^2 + a^2}\mathrm{d}x + \lim_{R\to+\infty}\int_{C_R} F(z)\,\mathrm{e}^{\mathrm{i}z}\mathrm{d}z$$

$$= 2\pi\mathrm{i}\,\mathrm{Res}\left[\frac{\mathrm{e}^{\mathrm{i}z}}{z^2 + a^2},a\mathrm{i}\right] = \frac{\pi}{a\mathrm{e}^a}\text{''}$$

刘云飞半开玩笑地问："这算是复数对实数的反哺吗?"

洛朗哈哈一乐："复数生自实数,前面也有许多内容使用实数解决复数问题,现在咱们终于使用复数理论解决了实函数积分的运算问题,算是扯平了,呵呵。"

二人正在打趣的时候,忽听有人来报,说是方成来访。韩素一听,急忙外出相迎。不久果然看见韩素与方成携手而进,旁边还多了一个打扮儒雅的中年人,寒暄客气的话自不多说,众人安静下来,方成大声说道:"尽管方程派与函数派合二为一,但复数域的方程问题也不容忽视,今天与我一同来的是大师儒歇,我们有一些关于复数方程的结论,献给大家,供大家参考。请儒歇先来分享他的成果。"

儒歇一点也不客气,开口说道:"我始终认为,方程的求根问题是一个非常重要的问题,但是,对任意方程的求根问题,并不都是那么容易解决的。我注意到,对某些具体的问题而言,并不需要求出其所有根,而是只需要知道它根的分布,或者在特定区域内根的个数即可。为了介绍我得到的一些结论,我先借用你们的研究成果,给出一个引理:

(1) 设 a 为 f 的 n 阶零点,则 a 必是 $\dfrac{f'}{f}$ 的一阶极点,且 $\mathop{\mathrm{Res}}\limits_{z=a}\dfrac{f'(z)}{f(z)}=n$。

(2) 设 b 是 f 的 m 阶极点,则 b 必是 $\dfrac{f'}{f}$ 的一阶极点,且 $\mathop{\mathrm{Res}}\limits_{z=b}\left(\dfrac{f'(z)}{f(z)}\right)=-m$。

这个证明是比较简单的,根据零、极点的特性,直接代入计算即可。

证明:(1) 由所设,在 a 的某个邻域内,有 $f(z)=(z-a)^n g(z)$。其中 $g(z)$ 在 a 的邻域内解析,且 $g(a)\neq 0$。所以

$$f'(z)=n\,(z-a)^{n-1}g(z)+g'(z)(z-a)^n$$

即 $\dfrac{f'(z)}{f(z)}=\dfrac{n}{z-a}+\dfrac{g'(z)}{g(z)}$,由 $\dfrac{g'(z)}{g(z)}$ 在 a 点解析便知:a 是 $\dfrac{f'(z)}{f(z)}$ 的一阶极点,且 $\mathop{\mathrm{Res}}\limits_{z=a}\dfrac{f'(z)}{f(z)}=n$。

(2) 由所设,在 b 的某去心邻域内,有 $f(z)=\dfrac{h(z)}{(z-b)^m}$,其中 $h(z)$ 在 b 的某去心邻域内解析,且 $h(b)\neq 0$,于是

$$\frac{f'(z)}{f(z)}=\frac{-m}{z-b}+\frac{h'(z)}{h(z)}$$

由于 $\frac{h'(z)}{h(z)}$ 在 b 点解析，故 b 为 $\frac{f'}{f}$ 的一阶极点，且 $\underset{z=b}{\text{Res}}\dfrac{f'(z)}{f(z)}=-m$。

　　应用这个引理，我就可以计算一个函数在区域内的零、极点个数之间的关系了，这就是下一个结论。

　　设 C 为围线，$f(z)$ 满足：

　　（1）f 在 C 内除可能极点外解析；

　　（2）f 在 C 上解析，且不取零，则 $\dfrac{1}{2\pi i}\displaystyle\int_c\frac{f'(z)}{f(z)}\mathrm{d}z=N(f,c)-p(f,c)$。

其中 $N(f,c)$ 与 $p(f,c)$ 分别表示 f 在 C 内部的零点个数与极点个数，多阶按阶的数目计算。

　　证明： 由已知条件知，$f(z)$ 在 C 内至多只能有有限个零点与有限个极点，设 $a_k(k=1,2,\cdots,p)$ 为 f 在 C 内部不同的零点，其阶分别为 n_k，$b_j(j=1,2,\cdots,q)$ 为 f 在 C 内部不同的极点，其阶分别为 m_j，由引理知，$\dfrac{f'(z)}{f(z)}$ 在 C 上解析。在 C 内部除了一阶极点，a_k 与 b_j 处均解析。由留数定理，得

$$\frac{1}{2\pi i}\int_c\frac{f'(z)}{f(z)}\mathrm{d}z=\sum_{k=1}^p\text{Res}\left(\frac{f'(z)}{f(z)}\right)+\sum_{j=1}^q\sum_{z=b_j}\text{Res}\left(\frac{f'(z)}{f(z)}\right)=\sum_{k=1}^p n_k+\sum_{j=1}^q(-m_j)$$

得证。

　　据此可以给出辐角原理：

　　设 C 为一闭曲线，若函数 $f(z)$ 在 C 上解析且不为零，在 C 所围区域内除去有限个极点外处处解析，则有

$$N(f,C)-P(f,C)=\frac{\Delta_c\arg f(z)}{2\pi}$$

其中 $N(f,C)$，$P(f,C)$ 分别为 $f(z)$ 在 C 所围区域内的零点个数和极点个数，$\Delta_c\arg f(z)$ 表示 $f(z)$ 在 C 上的幅角增量。

　　直观理解： 当 z 沿闭曲线 C 正向绕行一周时，$f(z)$ 在复平面上对应的点 $w=f(z)$ 也会绕原点旋转若干圈。$f(z)$ 的零点会使 $w=f(z)$ 绕原点逆时针旋转，

极点会使 $w=f(z)$ 绕原点顺时针旋转，而 N-P 就表示 $w=f(z)$ 绕原点逆时针旋转的净圈数，这个圈数与 $f(z)$ 的辐角增量相关。

特别地，若 $f(z)$ 在 C 所围区域内及 C 上均解析，且 $f(z)$ 在 C 上不等于零，即 $f(z)$ 在 C 所围区域内无极点，则有

$$N(f,C) = \frac{\Delta_c \arg f(z)}{2\pi}$$

若 $f(z)$ 在 C 所围区域内无零点，则有

$$P(f,C) = -\frac{\Delta_c \arg f(z)}{2\pi}$$

证明：只要证明 $\dfrac{1}{2\pi i}\displaystyle\int_c \dfrac{f'(z)}{f(z)}\mathrm{d}z = \dfrac{\Delta_c \arg z}{2\pi}$ 即可。

这是因为

$$\frac{1}{2\pi i}\int_c \frac{f'(z)}{f(z)}\mathrm{d}z = \frac{1}{2\pi i}\big[\ln f(z_0'') - \ln f(z_0')\big]$$

$$= \frac{1}{2\pi i}\big[\ln|f(z_0'')| + i\arg f(z_0'') - \ln|f(z_0')| - i\arg f(z_0')\big]$$

所以，结论为真。

下面给出著名的儒歇定理：

设 C 为一闭曲线，若函数 $f(z)$ 和 $g(z)$ 在 C 所围区域内及 C 上均解析，且在 C 上有 $|f(z)| > |g(z)|$，则函数 $f(z)$ 与 $f(z)+g(z)$ 在 C 所围区域内的零点个数相同。

证明：因为在 C 上有

$$|f(z)| > |g(z)| \geq 0$$

$$|f(z)+g(z)| \geq |f(z)| - |g(z)| > 0$$

所以在 C 上，

$$f(z) \neq 0, \quad f(z)+g(z) \neq 0$$

这两个函数都满足辐角原理的条件，于是由辐角原理知它们在 C 所围区域内的零点个数分别为

$$\frac{1}{2\pi}\Delta_c \arg f(z) \ 与 \ \frac{1}{2\pi}\Delta_c \arg(f(z)+g(z))$$

因为在 C 上，$f(z) \neq 0$，所以

$$f(z)+g(z)=f(z)\left(1+\frac{g(z)}{f(z)}\right)$$

于是

$$\Delta_c \arg[f(z)+g(z)]=\Delta_c \arg f(z)+\Delta_c \arg\left(1+\frac{g(z)}{f(z)}\right)$$

根据所给条件，当 z 沿 c 变动时，令 $w=1+\dfrac{g(z)}{f(z)}$，则

$$|w-1|=\left|\frac{g(z)}{f(z)}\right|<1$$

可见点 w 落在圆域 $|w-1|<1$ 内，因此点 $w=1+\dfrac{g(z)}{f(z)}$ 不会围绕原点 $w=0$ 变动，从而

$$\Delta_c \arg\left(1+\frac{g(z)}{f(z)}\right)=0, \quad \Delta_c \arg(f(z)+g(z))=\Delta_c \arg f(z)$$

定理得证。"

　　刘云飞看得稀里糊涂的，心想著名啥呀，看都看不懂，但碍于情面，也不好说什么。

　　方成急忙开口说道："利用这个儒歇定理，我就可以研究方程了，比如，求 $z^8-5z^5-2z+1=0$ 在 $|z|<1$ 内的根的个数，取 $f(z)=-5z^5$，$\varphi(z)=z^8-2z+1$，则它们在 $|z|<1$ 内解析连续到 $C: |z|=1$，在 C 上，

$$|f(z)|=5, \quad |\varphi(z)| \leqslant 4, \quad |f|>|\varphi|$$

由儒歇定理，　　　　　　　　　$N(f+\varphi,c)=N(f,c)=5$

　　再比如，判断 $z^6+6z+12=0$ 在 $|z|<1$ 上根的个数。设 $f(z)=12$，$\varphi(z)=z^6+6z$，$N(f+\varphi,c)=N(f,c)=0$，所以在 $|z|<1$ 内无根。"

　　大家都听出来方成对方程的依依不舍，看出了方成想保持昔日辉煌的努力。看到方成那认真可笑的样子，刘云飞的内心闪过一丝悲凉。历史潮流滚滚

向前，那些不能顺应潮流的过时思想终将被历史所抛弃，不如大方地舍弃，潇洒地离去。

　　看到方成那样子，韩素心里其实也不好受。方程派、函数派相爱相杀数百年，多少辛酸多少泪。眼看到了这一代，想着相逢一笑泯恩仇，可方成老先生总也舍不得那一点辉煌。这时候自己总得有所表示，于是说道："方大师这的确是了不起的成果，在某些场合，方程根的个数及分布的确是需要考虑的重要问题，方大师的成果为这方面的研究奠定了扎实的基础。"话锋一转，接着说道："自上次擂台至今，我们已经完成了复变函数理论的构建，今天，方大师也到了，不如我们一起开个庆功会，顺便交流一下复变函数的应用可好?"

　　众人轰然叫好，方成也听出了韩素话里的意思，不由一阵心酸，想着自己这一段时间以来的种种，两行浊泪悄然而落，趁着别人不注意，悄悄地溜了出去，不知所踪。

　　欲知后事，且看下回。

第十九回
当年相思若还在　不怨青丝成白雪

阅读提示：本回研究解析函数映射的几何性质，介绍解析函数映射的保形性，以及几个具体的初等函数所确定的保形映射，特别是分式线性映射。

月光透过树叶洒下万点银白，微风拂过人面送来阵阵清凉。带着狂欢后的淋漓酣畅，韩素和韩弓坐在刘云飞的对面，听他讲他的那个世界。

人真的可以上天入地……

不用马拉的车，居然能跑得比兔子还快……

不烧油的灯，能把黑夜照得跟白天一样明亮……

不烧木柴，也能让冬天像春天般温暖……

相隔千里的人，也能像面对面一样叙话……

二人简直听得痴了，眼睛里满是羡慕和向往。

突然，韩弓打断了刘云飞："刘老师，你能带我去你们那里看一看吗？哪怕就是一天，我也愿意。你能的。你既然能来到这里，就一定能带我回去。"

还没等刘云飞开口，韩素调侃道："让刘老师构造一个函数，把你映射过去。"

韩弓当真了："这行吗？映射过去的我还是我吗？"

韩素故作严肃地说："那要看映射的过程中改变了啥……"

话还没说完，只见刘云飞一跳起身，拔腿就跑。二人也急忙起身，追了上去。

韩素气喘吁吁地追上刘云飞，埋怨道："你怎么又来这一套哇？又有什么新想法啦？"

看看韩弓也追了上来，刘云飞停下脚步，严肃地说道："你们两个说的话给了我启发。你们看，实函数代表着实数域两个变量之间的依存关系，我们用横轴表示自变量，纵轴表示因变量，则可以在直角坐标系中用一条曲线表示这种依存关系，比如 $y=x^2$ 就可以用一条抛物线来表示。但是对复数，就没有这么好的事了。我们用二维平面表示复数，对某一个复变函数，它关联了两个复变量，自变量和因变量都是二维的，这就没有办法在一个坐标系中直观地表示了，所以需要用两个二维平面来表示这一映射关系，这就很不直观了。比如，就连最简单的 $f(z)=z^2$，我们都无法想象这个变换关系是什么样子的。就像你们刚才说的，让我把韩弓映射到 21 世纪。"

韩素苦笑了一下说："那是开玩笑的。人生哪有那么便宜的事，既能享受 16 世纪的安逸，又能享受 21 世纪的繁华。"

刘云飞摇了摇头说道："我不是那个意思。我是说，虽然直观上我们不能看到映射过程，但我们可以看到映射结果啊！一个复变函数 $w=f(z)$，它把 z 平面的一个圆或者矩形，映射到 w 平面上后变成了什么？映射前后的区域之间有什么关系？有哪些不变的特征？这些问题都是很有研究价值的问题耶！"

韩素问道："那你的意思是？"

刘云飞说道："走，我们去找笛卡儿、欧拉他们去。"

听了刘云飞的来意，笛卡儿高兴地说："你们的想法很好。在数学上，研究变换的不变量是一个很有意义的话题。从原理上来说，当我们分析研究一个对象时，变换方法往往能简化分析过程，但如果变换方法选择不好，变过去变不回来，或者变换后对象的所有特征都发生了变化，那这种方法的意义就不大了。几何上，复变函数 $w=f(z)$ 可以看成是把 z 平面上的点集 D 变到 w 平面上的点集 D^* 的映射……"

欧拉抢着接过话来："其实也不光是在几何上，在流体力学和电学等实际问题的研究中，也可以通过映射把在复杂区域上所讨论的问题转到比较简单的区域去完成。这其中，最常用的自然就是保形映射……"

笛卡儿不满地接过话头："设 $w=f(z)$ 为 z 平面上区域 D 内的连续函数，作为映射，它把 z 平面上的点 z_0 映射到 w 平面上的点 $w_0=f(z_0)$，称 w_0 为 z_0 的像，z_0 为 w_0 的原像；$w=f(z)$ 把曲线 $C: z=z(t)$ 映射到曲线 $C': w=f(z(t))$。现在我们研究映射所带来的几何形变，比如两条曲线夹角的大小变化，曲线弧长的伸缩变化等。

如下图所示，过 z_0 点的两条曲线 C_1，C_2，它们在交点 z_0 处的切线分别为 T_1，T_2，我们把从 T_1 到 T_2 按逆时针方向旋转所得的夹角定义为这两条曲线在交点 z_0 处从 C_1 到 C_2 的夹角。对于两条曲线夹角的表示，不仅包括角度的大小，还要包括角的旋转方向。因此在 z_0 处从 C_2 到 C_1 的夹角不等于从 C_1 到 C_2 的夹角。

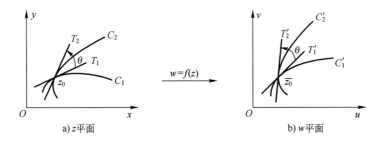

a) z 平面　　　　　　　　　b) w 平面

第一种情况：若在映射 $w=f(z)$ 的作用下，过点 z_0 的任意两条光滑曲线的夹角的大小与旋转方向都是保持不变的，则称这种映射在 z_0 处是保角的。

比如平移变换 $w=z+\alpha$ 就是一个很简单的保角映射。

函数 $w=\bar{z}$ 不是保角映射。事实上，它是关于实轴的对称映射，在下图中我们把 z 平面与 w 平面重合在一起，映射把点 z_0 映射到关于实轴对称的点 $\bar{z}_0$。过 z_0 的两条曲线 C_1，C_2，从 C_1 到 C_2 的夹角为 θ，经映射后分别对应为过点 $\bar{z}_0$ 的两条曲线 C_1' 和 C_2'，从 C_1' 到 C_2' 的夹角仍为 θ。虽然它保持夹角的大小，但是改变了它的旋转方向。

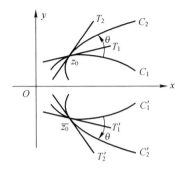

我们关心的另一个问题就是映射后像的伸缩性。常常用像点之间距离与原像点之间距离的比值 $\dfrac{|w-w_0|}{|z-z_0|}$ 来近似描述它。

第二种情况：极限

$$\lim_{z\to z_0}\frac{|w-w_0|}{|z-z_0|}$$

存在且不等于零，则这个极限称为映射 $w=f(z)$ 在 z_0 处的伸缩率，并称 $w=f(z)$ 在 z_0 具有伸缩率的不变性，即保伸缩率。

显然 $w=5z$ 在任何非零点处都具有伸缩率的不变性，它把原像都放大了 5 倍。

综合上述两种特征，我们就可以定义保形映射：

设函数 $w=f(z)$ 在 z_0 的邻域内是一一的，就是把一个原像对应于一个像，在 z_0 具有保角性和伸缩率的不变性，那么称映射 $w=f(z)$ 在 z_0 是保形的，或称 $w=f(z)$ 在 z_0 是保形映射。如果映射 $w=f(z)$ 在区域 D 内的每一点都是保形的，那么就称 $w=f(z)$ 是区域 D 内的保形映射。"

刘云飞犹犹豫豫地说："你说的那么邪乎，保形保形，是不是意味着某种几何形状映射后不会发生改变呀？"

柯西说道："有这么点意思。事实上，设 $z_0 z_1 z_2$ 为点 z_0 的一个小邻域内的三角形，在 z_0 处的伸缩率记为 A。经过 $w=f(z)$ 后变成了曲边三角形 $w_0 w_1 w_2$（见下图）。由于 $w=f(z)$ 在 z_0 是保形的，故这两个小三角形与 z_0 的对应角相等，对应边长度比近似地等于伸缩率 A。所以这两个小三角形近似地相似。

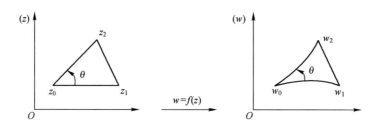

又对以 z_0 为中心半径充分小的圆 $|z-z_0|=\delta$，由于伸缩率 A 仅依赖于 z_0 而不随方向变化，因而在变换 $w=f(z)$ 下，该小圆近似对应 w 平面的以 w_0 为中心半径为 $A\delta$ 的圆。"

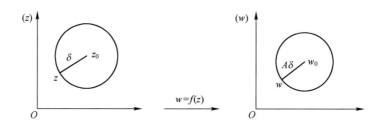

刘云飞长出了一口气："保形，保形，保持队形，就是映射后各个点的相对位置关系不变，也就意味着点所代表的物理元素之间的某种关系不发生改变，有意思。那实现保形映射的函数又有什么特点呢？"

柯西说道："你这个问题比较难以回答，不太好说保形的映射一定是什么函数，我们的思路是看某种特殊的函数是否具有保形性。如果你愿意，你也可以去研究一下保形的充分必要条件。鉴于这门课的主要研究对象是解析函数，所以本书就只研究解析函数的保形性。倾向于论证解析函数都是保形的，论证方法是用定义计算解析函数映射后产生的转动角和伸缩率。

设 $f(z)$ 在 z_0 处解析，且 $f'(z_0)\neq 0$，我们来讨论映射 $w=f(z)$ 的特征。

先看保角性。过 z_0 作一条光滑曲线 C，它的方程为

$$z=z(t), \quad t_0 \leqslant t \leqslant T_0$$

并设 $z_0=z(t_0)$，且 $z'(t_0)\neq 0$。则 $\mathrm{Arg}z'(t_0)$ 为 z 平面上的正实轴到 C 在点 z_0 的切线的夹角，如下图 a 所示。

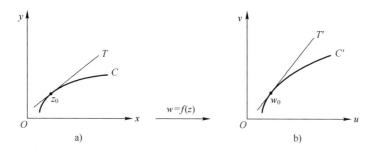

a)　　　　　　　　　　　　b)

经过 $w=f(z)$ 把 C 映射为 w 平面上光滑曲线 C'（见上图 b），其方程为

$$w=w(t)=f(z(t))，\quad t_0 \leqslant t \leqslant T_0$$

且 $w_0=f(z(t_0))$。由于 $w'(t_0)=f'(z_0)z'(t_0) \neq 0$，所以在 w 平面上，正实轴到 C' 在 w_0 处的切线的夹角为

$$\mathrm{Arg}w'(t_0)=\mathrm{Arg}f'(z_0)+\mathrm{Arg}z'(t_0)$$

或

$$\mathrm{Arg}w'(t_0)-\mathrm{Arg}z'(t_0)=\mathrm{Arg}f'(z_0)$$

　　这说明像曲线 C' 在 w_0 处的切线与正实轴的夹角与原像曲线 C 在 z_0 处的切线与正实轴的夹角之差总是 $\mathrm{Arg}f'(z_0)$，而与曲线 C 无关。$\mathrm{Arg}f'(z_0)$ 就称为映射 $w=f(z)$ 在点 z_0 处的转动角。这一结果可以说明 $w=f(z)$ 在 z_0 处为保角的。事实上，过 z_0 点作两条光滑曲线 C_1，C_2，它们的方程分别为

$$C_1:z=z_1(t)，\quad t_0 \leqslant t \leqslant T$$

$$C_2:z=z_2(t)，\quad t_0 \leqslant t \leqslant T$$

且 $z_1(t_0)=z_2(t_0)=z_0$（如本回第一幅图 a 所示）。映射 $w=f(z)$ 把它们分别映射为过 w_0 点的两条光滑曲线 C_1' 和 C_2'。（如本回第一幅图 b），它们的方程分别为

$$C_1':w=w_1(t)=f(z_1(t))，\quad t_0 \leqslant t \leqslant T_0$$

$$C_2':w=w_2(t)=f(z_2(t))，\quad t_0 \leqslant t \leqslant T_0$$

于是，可得

$$\mathrm{Arg}w_1'(t_0)-\mathrm{Arg}z_1'(t_0)=\mathrm{Arg}f'(z_0)=\mathrm{Arg}w_2'(t_0)-\mathrm{Arg}z_2'(t_0)$$

即

$$\mathrm{Arg}z_2'(t_0)-\mathrm{Arg}z_1'(t_0)=\mathrm{Arg}w_2'(t_0)-\mathrm{Arg}w_1'(t_0)$$

上式的左端是曲线 C_1 和 C_2 在 z_0 处的夹角，右端是曲线 C_1' 和 C_2' 在 w_0 处的夹角，

而这个式子说明两条曲线映射前后的夹角没有发生变化，因此 $w=f(z)$ 在 z_0 处是保角的。

再看伸缩率。因为 $f'(z_0)$ 存在，且不等于零，则

$$\lim_{z\to z_0}\frac{|w-w_0|}{|z-z_0|}=\lim_{z\to z_0}\frac{|f(z)-f(z_0)|}{|z-z_0|}=|f'(z_0)|\ (\neq 0)$$

这个极限与曲线 C 无关，也就是说，对任意的曲线，在这一点处，映射 $w=f(z)$ 导致的伸缩率都是 $|f'(z_0)|$，因而具有伸缩率不变性。

最后再来论证解析函数是一一对应的。由 $w=f(z)=u(x,y)+\mathrm{i}v(x,y)$。因为 $w=f(z)$ 在 z_0 处解析，则在该点满足柯西-黎曼方程

$$\frac{\partial u}{\partial x}=\frac{\partial v}{\partial y},\qquad \frac{\partial u}{\partial y}=-\frac{\partial v}{\partial x}$$

于是在该点的雅可比式有

$$\frac{\partial(u,v)}{\partial(x,y)}=\left(\frac{\partial u}{\partial x}\right)^2+\left(\frac{\partial v}{\partial y}\right)^2=|f'(z_0)|\neq 0$$

根据微积分知识，可以证明映射 $w=f(z)$ 在 z_0 的邻域内是一一对应的。

综上所述，我们得到如下定理：

如果函数 $w=f(z)$ 在 z_0 解析，且 $f'(z_0)\neq 0$，那么映射 $w=f(z)$ 在 z_0 是保形的，而且 $\mathrm{Arg}f'(z_0)$ 表示这个映射在 z_0 的转动角，$|f'(z_0|)$ 表示伸缩率。如果解析函数 $w=f(z)$ 在区域 D 内处处有 $f'(z)\neq 0$，那么映射 $w=f(z)$ 是 D 内的保形映射。"

刘云飞恍然大悟："说了半天，就是想说解析且导数不为零的函数形成的映射是保形映射。"

韩素也若有所思地说道："这算不算是解析函数的几何意义。根据这个定理，我们可以通过计算导数来检验映射 $w=f(z)$ 是否具有保形性。"

柯西点点头，强调说："要注意的是，定理中的条件 $f'(z_0)\neq 0$ 是很重要的。比如，函数 $w=z^2$，它在 $z=0$ 处解析，但导数 $\dfrac{\mathrm{d}w}{\mathrm{d}z}\Big|_{z=0}=2z|_{z=0}=0$。如果令 $z=r\mathrm{e}^{\mathrm{i}\theta}$，则 $w=r^2\mathrm{e}^{2\mathrm{i}\theta}$。可以看出，映射 $w=z^2$ 把过原点的射线 $\mathrm{Arg}z=\theta$ 映射到射线

$\text{Arg}w = 2\theta$。这就意味着这个映射在 $z = 0$ 处不具有保角性，因而就不是保形映射。"

刘云飞点点头表示理解，接着问道："能不能找个有典型性的保形变换来展示一下？"

柯西说道："那就是分式线性变换。在所有的解析函数中，分式线性变换具有最简单的映射性质，它是保形的，同时还有非常奇特的几何性。介绍它不仅为保形映射提供简单的例子，还可以获得一些非常有价值的技巧。"

韩素也鼓励似地说："说说，那就说说。"

柯西说道："好吧，说说。形如

$$w = \frac{az+b}{cz+d} \quad (ad-bc \neq 0)$$

的映射称为分式线性变换，其中 a，b，c，d 为复常数。

这里，$ad-bc \neq 0$ 的限制是必要的，否则，简单代入即知，$w \equiv$ 常数或无意义，我们就不讨论这两种情况了。

把 z 解出来，得

$$z = \frac{-dw+b}{cw-a} \quad ((-a)(-d)-cb \neq 0)$$

称其为原变换的逆变换，它仍然是一个分式线性变换。由此可知，分式线性变换是一一对应的。

容易知道，两个分式线性变换复合，仍是一个分式线性变换。这是因为，若

$$w = \frac{\alpha\xi+\beta}{\gamma\xi+\delta}(\alpha\delta-\gamma\beta \neq 0), \quad \xi = \frac{\alpha'z+\beta'}{\gamma'z+\delta'}(\alpha'\delta'-\beta'\gamma' \neq 0)$$

把后式代入前式，适当演算后可得

$$w = \frac{az+b}{cz+d}$$

其中 $ad-bc = (\alpha\delta-\gamma\beta)(\alpha'\delta'-\beta'\gamma') \neq 0$。

根据这个事实，我们可以把一个一般形式的分式线性变换分解成一些简单映射的复合。比如，假设 $c \neq 0$，则有

$$w = \frac{az+b}{cz+d} = \frac{a}{c} + \frac{bc-ad}{c(cz+d)}$$

令 $A = \frac{a}{c}$，$B = \frac{bc-ad}{c}$，则上式变为

$$w = A + \frac{B}{cz+d}$$

它由下列三个变换复合而成：

$$z' = cz+d$$

$$z'' = \frac{1}{z'}$$

$$w = A + Bz''$$

其中第一和第三式为整线性变换。

根据分式线性变换这一结构，可以得出许多重要性质。

一是保形性。

在扩展复平面上，函数 $w = \frac{az+b}{cz+d}$ 的导数除点 $z = -\frac{d}{c}$ 和 $z = \infty$ 以外处处存在，

而且 $\frac{dw}{dz} = \frac{ad-bc}{(cz+d)^2} \neq 0$，因此，映射 $w = \frac{az+b}{cz+d}$ 除那两个点以外是保形的。至于在

$z = -\frac{d}{c}$（其像为 $w = \infty$）和 $z = \infty$（其像为 $w = -\frac{a}{c}$）处是否保形，就关系到如何

理解两条曲线在无穷远点 ∞ 处夹角的定义，在这里就不做讨论了。我们有下面

的结论：

分式线性变换在扩展复平面上是一一对应的，且是保形的。

二是保圆性。

我们已经知道，z 平面上半径充分小的圆在保形映射下的像为 w 平面上的

一个近似圆。对于分式线性变换，我们有：

分式线性变换将扩展 z 平面上的圆映射成扩展 w 平面上的圆，即具有保

圆性。

在扩展复平面上把直线看成是半径为无穷大的圆周。

我们先指出整式线性变换 $w=az+b$ 和 $w=\dfrac{1}{z}$ 都具有保圆性。

事实上，变换 $w=az+b$ 是由 $\xi=az$（旋转与伸长）和 $w=\xi+b$（平移）复合而成的。而这个映射将原平面内的圆或直线映射到像平面内的圆或直线，从而 $w=az+b$ 在扩展复平面上具有保圆性。

下面来阐明映射 $w=\dfrac{1}{z}$ 也具有保圆性。z 平面上的圆的一般方程为

$$A(x^2+y^2)+Bx+Cy+D=0,$$

为表示成复数形式，令

$$x=\frac{z+\bar{z}}{2},\quad y=\frac{z-\bar{z}}{2\mathrm{i}}$$

则上式可写成

$$Az\bar{z}+\alpha z+\bar{\alpha}\,\bar{z}+D=0$$

其中 $\alpha=\dfrac{1}{2}(B-C\mathrm{i})$。当 $A=0$ 时，方程表示直线（在扩展平面上，上式表示包括直线在内的圆的方程）。

经过映射 $w=\dfrac{1}{z}$ 后，上面的方程变为

$$A+\alpha\bar{w}+\bar{\alpha}w+Dw\bar{w}=0$$

在扩展复 w 平面上它仍是圆的方程。这说明 $w=\dfrac{1}{z}$ 具有保圆性。

除了保圆性外，圆内部（或外部）将映射成什么呢？这可由下面的结论来总结：

在分式线性变换下，圆 C 映射成圆 C'。如果在 C 内任取一点 z_0，而点 z_0 的像在 C' 的内部，那么 C 的内部就映射到 C' 的内部；如果 z_0 的像在 C' 的外部，那么 C 的内部就映射成 C' 的外部。"

韩素迟疑了一下，说道："这个说法很别致哦！是不是想说，分式线性变换下，圆的内部和外部各自都被作为一个整体，要外都外，要内都内，但内可以外，外也可以内？"

柯西笑了，说道："差不多是这个意思，不过你这话比较土，不适合写书上。我来把这个结论给证明一下，证明的思路是论证圆内的两点不可能一个被映射在圆内，一个被映射在圆外。

如下图所示，设 z_1，z_2 为 C 内的任意两点，用直线段把这两点连接起来。如果线段 z_1z_2 的像为圆弧 w_1w_2（或直线段），且 w_1 在 C' 之外，w_2 在 C' 之内，那么弧 w_1w_2 必与 C' 交于一点 w^*，于是 w^* 必是 C 上某一点的像。但 w^* 又是线段 z_1z_2 上某一点的像，因而就有两个不同的点（一个在 C 上，另一个在 z_1z_2 上）被映射为同一点。这就与分式线性映射的一一对应性相矛盾。故推论成立。"

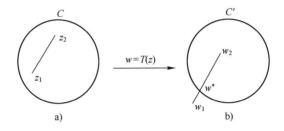

a)   b)

柯西停了一下，看二人没啥话想说，就接着说道："第三是保对称性。首先引进对称点的概念。设 C 为以 z_0 点为中心，R 为半径的圆周。如果点 z、z^* 在从 z_0 出发的射线上，且满足

$$|z-z_0| \cdot |z^*-z_0| = R^2$$

则称 z、z^* 关于圆周 C 是对称的。如果 C 是直线，则当以 z 和 z^* 为端点的线段被 C 平分时，称 z，z^* 关于直线 C 为对称的。

我们规定：无穷远点关于圆周的对称点是圆心。

大家知道，z 及 $\bar{z}$ 是关于实轴对称的，显然实系数分式线性变换

$$w = \frac{az+b}{cz+d} \quad (a, b, c, d \text{ 均为实数})$$

把实轴变为实轴，把 z、$\bar{z}$ 仍变为对称点 w、$\bar{w}$。这个结果能推广到更一般的情形吗？为了证明这个结论，我们先来阐述对称点的一个重要性质：即 z、z^* 是关于圆周 C 的对称点的充要条件是经过 z，z^* 的任何圆周 Γ 与 C 正交（即交点处 Γ 与 C 的切线垂直，如下图所示）。

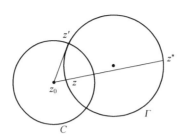

事实上，过 z_0 引圆周 Γ 的切线，切点为 z'，由初等几何的定理，z_0，z' 的差的模的平方 $|z_0-z'|^2$ 等于 $|z_0-z^*|$ 和 $|z_0-z|$ 的乘积，即

$$|z_0-z^*||z_0-z| = R^2$$

其中，R 是圆的半径，即有

$$|z_0-z'|^2 = R^2$$

这表明 z' 在 C 上，而 Γ 的切线就是 C 的半径，故 Γ 与 C 正交。

反过来，设 Γ 是经过 z 和 z^* 且与 C 正交的任一圆周，作为特殊情形连接 z 与 z^* 的直线（半径为无穷大的圆）必与 C 正交，因而必过 z_0，又因 Γ 与 C 于交点 z' 处正交，因此 C 的半径 z_0z' 就是 Γ 的切线。所以有

$$|z-z_0||z^*-z_0| = R^2$$

即 z 与 z^* 关于 C 为对称点。当圆周退化为直线时，结论是显然成立的。

这样，我们可以得到下面的定理：

设点 z、z^* 是关于圆周 C 的一对对称点，那么在分式线性变换下，它们的像点 w 及 w^* 也是关于 C 的像曲线 C' 的一对对称点。

设经过 w 与 w^* 的任意一圆周 Γ' 是经过 z 与 z^* 的圆周 Γ 由分式线性变换映射过来的。由于 Γ 与 C 正交，由保角性，所以 Γ' 与 C' 也正交。因此 w 与 w^* 是一对关于 C' 的对称点。"

刘云飞听得醉了，连连点头："不明觉厉不明觉厉，我得好好消化吸收一下。回头我把你这个证明再好好看一下，看能不能把握住你的思路。"

柯西笑着说："反正你也不是数学专业的，这个证明过程对你也没啥用。你只需要记住，分式线性变换具有保形、保圆、保对称性就可以了。对你们工科生来说，数学证明都是练脑子的，可用，也可不用，呵呵。"

一旁韩弓傻呆了半天，突然冒出一句："你刚才给出的都是已知分式线性变换，再来论证它的性质，没有涉及分式线性变换的确定问题。我还是想知道，怎么根据需求，确定一个分式线性变换呢？"

柯西瞥了一眼韩弓，说道："根据分式线性变换的条件 $ad-bc\neq0$ 知 a，b，c，d 中必有不为零者。将其中不为零的常数与其余三个常数的比值视作参数，则变换式中实际上只有三个独立的常数，因此，只需给定三个条件，就能决定一个分式线性变换。也就是说，给出三个指定点及其映射后的像，就可以确定一个分式线性映射，写成如下的定理：

在 z 平面上任意给定三个不同点 z_1，z_2，z_3，在 w 平面上也任意给定三个不同点 w_1，w_2，w_3，那么就存在分式线性变换，将 z_k 依次映射成 $w_k(k=1,2,3)$，且这种变换是唯一的。

证明： 设

$$w=\frac{az+b}{cz+d}(ad-bc\neq0)$$

且

$$w_k=\frac{az_k+b}{cz_k+d},\quad k=1,2,3$$

于是有

$$w-w_k=\frac{(z-z_k)(ad-bc)}{(cz+d)(cz_k+d)},\quad k=1,2,3$$

及

$$w_3-w_k=\frac{(z_3-z_k)(ad-bc)}{(cz_3+d)(cz_k+d)},\quad k=1,2$$

从而得

$$\frac{w-w_1}{w-w_2}\cdot\frac{w_3-w_2}{w_3-w_1}=\frac{z-z_1}{z-z_2}\cdot\frac{z_3-z_2}{z_3-z_1}$$

从式中求出 w，即得所求分式线性变换。

从上述的求法及结果来看这种分式线性变换是唯一的。

进一步，还有 z_1，z_2，z_3 所在的圆 C 的像 C' 是 w_1，w_2，w_3 所在的圆，且如果 C 依 $z_1 \to z_2 \to z_3$ 的绕向与 C' 依 $w_1 \to w_2 \to w_3$ 的绕向相同时，则 C 的内部就映射成 C' 的内部（相反时，C 的内部就映射成 C' 的外部）。

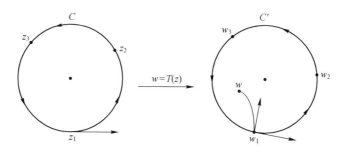

证明：第一个结论根据定理和保圆性易得。对于第二个结论，只要能证明 C 的一个内点的像是 C' 的一个内点即可。事实上，在过 z_1 的半径上取一内点 z，线段 $z_1 z$ 的像必为正交于 C' 的圆弧 $w_1 w$。根据保角性，当绕向相同时，w 必在 C' 内，当绕向相反时，w 必在 C' 外。"

刘云飞点头认可，说道："不过我还有一个问题：对任意给定的两个单连通区域 D 与 D'，是否存在一个解析函数能将 D 保形地映射成 $D' = f(D)$？如果存在，是否唯一呢？"

柯西赞赏地说："你提的这个问题是保形映射的基本问题，这个问题已经由黎曼解决，黎曼证明了，若 D 为扩展复平面上的一个单连通区域，且其边界点不止一点，则必存在解析函数 $w = f(z)$ 将其映射为单位圆。又若对 D 内某一点 a 满足条件 $f(a) = 0$ 且 $f'(a) > 0$，则函数 $w = f(z)$ 是唯一的。按照黎曼的这个定理，很容易就能对你的问题给出肯定的答案。要不，黎曼你来跟大家说说你是怎样证明定理的？"

黎曼看到柯西大出风头，心里不爽，随口应付道："没有什么好说的，大家自己想想也就明白了。又不是研究函数论的，知道个结论不就可以了？"

看到黎曼不配合，大家也没有办法，眼看就要冷场，韩素不得不出来打圆场："明白了，都明白了。但是我很好奇，我们常用的初等函数所构成的映射都有什么特性？是不是保形的？"

柯西受黎曼情绪的影响，兴致大减，厌烦地说："我累了，不想多说了，你们自己推演一下吧！"

韩素倒也爽快，开口应道："那我们就自己推吧！"

1. 幂函数

考虑幂函数 $w=z^n(n\geq 2)$，求导得 $\dfrac{\mathrm{d}w}{\mathrm{d}z}=nz^{n-1}$。

当 $z=z_0\neq 0$ 时，设 $z_0=r_0\mathrm{e}^{\mathrm{i}\theta_0}$，则

$$\left.\frac{\mathrm{d}w}{\mathrm{d}z}\right|_{z=z_0}=nr_0^{n-1}\mathrm{e}^{\mathrm{i}(n-1)\theta_0}$$

所以映射 $w=z^n$ 在 $z=z_0$ 的转动角为 $(n-1)\theta_0$，伸缩率为 nr_0^{n-1}。即映射 $w=z^n$ 在 z_0 点是保形的。

在 $z_0=0$ 处，设 $z=r\mathrm{e}^{\mathrm{i}\theta}$ 和 $w=\rho\mathrm{e}^{\mathrm{i}\varphi}$，由 $w=z^n$ 得

$$\rho=r^n \quad 和 \quad \varphi=n\theta$$

因此在 $w=z^n$ 的映射下，圆 $|z|=r$ 映射成 $|w|=r^n$，特别地，$|z|=1$ 映射成 $|w|=1$。即在以原点为中心的圆有保圆性。射线 $\theta=\theta_0$ 映射成射线 $\varphi=n\theta_0$；正实轴 $\theta=0$ 映射成正实轴 $\varphi=0$；角形域 $0<\theta<\theta_0\left(<\dfrac{2\pi}{n}\right)$ 映射成角形域 $0<\varphi<n\theta_0$（见下图 a）。从这里看出，当 $n\geq 2$ 时，映射 $w=z^n$ 在 $z=0$ 处没有保角性。

特别地，角形域 $0<\theta<\dfrac{2\pi}{n}$ 映射成沿正实轴剪开的 w 平面的域 $0<\varphi<2\pi$，它的一边 $\theta=0$ 映射成正实轴的上沿 $\varphi=0$；另一边 $\theta=\dfrac{2\pi}{n}$ 映射成正实轴的下沿 $\varphi=2\pi$。这两个区域之间的映射是一一对应的（见下图 b）。

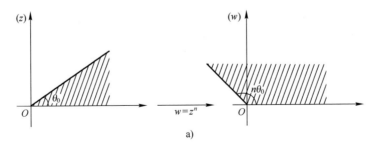

a)

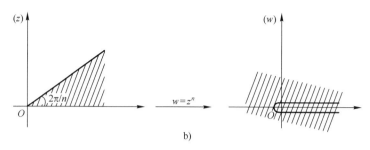

b)

2. 指数函数

在 z 平面上，由于指数函数 $w=\mathrm{e}^z$ 的导数 $w'=\mathrm{e}^z\neq 0$，所以，由 $w=\mathrm{e}^z$ 所构成的映射是一个全平面上的保形映射。令 $z=x+\mathrm{i}y$，$w=\rho\mathrm{e}^{\mathrm{i}\varphi}$，那么

$$\rho=\mathrm{e}^x,\quad \varphi=y$$

于是有：

（1）平面上的直线 $x=$ 常数，被映射成 w 平面上的圆周 $\rho=$ 常数；而 $y=$ 常数，被映射成射线 $\varphi=$ 常数。

（2）把水平带形域 $0<\mathrm{Im}z<a\,(a\leqslant 2\pi)$ 映射成角形域 $0<\arg w<a$（见下图 a）。

（3）带形域 $0<\mathrm{Im}z<2\pi$ 映射成沿正实轴剪开的 w 平面：$0<\arg w<2\pi$（见下图 b）。

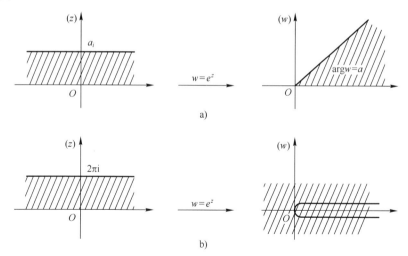

几个人正推得起劲，忽听门外人声嘈杂，不知又有什么人造访，欲知后事，且看下回。

第二十回
正交展式做中介　　系数排列成频谱

阅读提示：本回在正交展开视角下，利用展开式系数的集合与原函数的一一对应关系，给出函数的另一种等价表达形式。将高等数学中周期函数的傅里叶级数作为一种特殊形式，引入频谱的概念。

吵吵嚷嚷中，一个大汉不顾一群人的拦阻，硬闯进来了，韩素喝退众人，客气地问道："阁下何人？有何事指教？"

来人倒也客气，拱拱手说道："我是傅里叶[⊖]。"

刘云飞好奇地插话："你不是在那本机械工业出版社 2021 年 9 月出版的《大话信号与系统》中吗？来这里掺和什么？"

来人一听，这倒是个明白人，忙对着刘云飞鞠了个躬，客气地说道："是这样。我有一个傅里叶变换方法，想找个数学基础。那本书不是数学专业的，所以，就到这里来碰碰运气。"

⊖ 傅里叶（Fourier，1768—1830），法国欧塞尔人，著名数学家、物理学家。1780 年，就读于地方军校。1795 年，任巴黎综合工科大学助教，跟随拿破仑军队远征埃及，成为伊泽尔省格伦诺布尔地方长官。1817 年，当选法国科学院院士。1822 年，担任该院终身秘书，后又任法兰西学院终身秘书和理工科大学校务委员会主席，敕封为男爵。主要贡献是在研究《热的传播》和《热的分析理论》时，创立了一套数学理论（傅里叶级数），对 19 世纪的数学和物理学的发展都产生了深远影响。

韩素一听有这好事，忙问道："说吧！看上我们什么啦？"

傅里叶说道："洛朗级数。"

刘云飞一惊："有这么神奇吗？详细说说？"

傅里叶爽快地说："好吧。是这样。对一般的函数，洛朗级数的展开式是

$$f(z) = \sum_{n=-\infty}^{\infty} c_n (z - z_0)^n$$

其中

$$c_n = \frac{1}{2\pi i} \int_{\Gamma_\rho} \frac{f(\zeta)}{(\zeta - z_0)^{n+1}} \mathrm{d}\zeta \quad (n = 0,1,2,\cdots), \quad \Gamma_\rho : |\zeta - z_0| = \rho \, (r < \rho < R)$$

特别取 $\zeta - z_0 = \rho e^{i\theta}$，则有

$$c_n = \frac{1}{2\pi i} \int_{\Gamma} \frac{f(\zeta)}{\rho^{n+1} e^{i(n+1)\theta}} \mathrm{d}\rho \, e^{i\theta} = \frac{1}{2\pi} \int_{\Gamma} \frac{1}{\rho^n} f(\zeta) e^{-in\theta} \mathrm{d}\theta$$

现在你们看出什么来啦？"

众人一头雾水，纷纷互相询问："你看出什么来啦？"

谁也看不出有什么名堂。傅里叶激动地说："积分呀！就是这个

$$c_n = \frac{1}{2\pi} \int_{\Gamma} \frac{1}{\rho^n} f(\zeta) e^{-in\theta} \mathrm{d}\theta$$

由于 ρ 是常数，所以可以观察

$$c_n \rho^n = \frac{1}{2\pi} \int_{\Gamma} f(\zeta) e^{-in\theta} \mathrm{d}\theta$$

把 n 看成变量，再一般化地看成连续变量 t，它意味着，把函数 f 与复指函数 $e^{i t\theta}$ 乘积再积分。知道这个乘积再积分是什么意思吗？"

众人就更糊涂了，乘积积分就是乘积积分，哪知道有什么意思呢？

傅里叶洋洋得意地说道："我请你们考虑另外一个问题。以实函数为例。假设区间 $[a,b]$ 上有两个函数 $f(x)$，$g(x)$，想用 $g(x)$ 的常数倍 $kg(x)$ 去近似 $f(x)$，使得两者的均方误差最小，这个 k 该如何选择呢？"

韩弓马上举手道："我知道我知道，你这不就是求

$$\varepsilon = \frac{1}{b-a} \int_a^b [f(x) - kg(x)]^2 \mathrm{d}x$$

关于 k 的最小值吗？应用高等数学中的微分法，令

$$\frac{\partial \varepsilon}{\partial k} = \frac{1}{b-a}\left(2k\int_a^b g^2(x)\,\mathrm{d}x - 2\int_a^b f(x)g(x)\,\mathrm{d}x\right) = 0$$

得到

$$k = \frac{\displaystyle\int_a^b f(x)g(x)\,\mathrm{d}x}{\displaystyle\int_a^b g^2(x)\,\mathrm{d}x}$$

进一步假设 $g(x)$ 是我们精心选择的函数，满足 $\int_a^b g^2(x)\,\mathrm{d}x = 1$，这样就有

$$k = \int_a^b f(x)g(x)\,\mathrm{d}x$$

傅里叶赞许地点点头说道："是的，是的。现在你们能够看出 k 的含义了吗？"

韩素挠了挠头，尴尬地说："好像有点感觉，但说不上来。"

傅里叶一笑说道："日常生活中，我们都有这样一种做法，就是在认识一个新事物时，总是把它跟一些我们熟悉的事物相比较，比如，'这种水果吃起来三分像橘子，六分像芒果，还有一分像苹果'，这里的'这种水果'，就是我们想认识的事物，'橘子、芒果、苹果'就是我们选择用来做对比的大家都很熟悉的东西，而这个'三、六、一'，就是比较的结果。把这种思想应用在函数分析上，就产生了这样的正交分析方法。下面我就简单介绍一下。假设有一组 $\{g_1(x),g_2(x),\cdots,g_n(x),\cdots\}$，这可以理解为上面的橘子、芒果、苹果，因为是作为比较的基准，我们还可以要求每一个 $g_i(x)$ 都满足 $\int_a^b g_i^2(x)\,\mathrm{d}x = 1$，$i = 1,2,\cdots$，设 $f(x)$ 是我们需要分析研究的函数，则乘积积分 $k_i = \int_a^b f(x)g_i(x)\,\mathrm{d}x$，$i=1,2,\cdots$，就是得出上面的'三、六、一'的过程，也就是说，这个乘积积分，实际上可以理解为从 $f(x)$ 中'量出'与 $g_i(x)$ 相同的部分的'数量'。这样就可以得到 $f(x)$ 的各个不同的近似 $k_ig_i(x)$，由此可以获得对 $f(x)$ 的全面认识。进一步，如果你选择的基本元素的性质充分好，以至于能得到 $f(x) =$

$\sum\limits_{i=1}^{\infty}k_{i}g_{i}(x)$，那这就是对函数的一种分解了。与幂级数、洛朗级数一样，它也是用一些性质已知的简单函数的线性组合来表示复杂函数，有非常重要的工程应用。为了能更好地建立这种方法，我们给出一个稍微正式的表述：

设有函数集 $\{g_{1}(x),g_{2}(x),\cdots,g_{n}(x),\cdots\}$，在区间 $[a,b]$ 上满足

$$\int_{a}^{b}g_{i}(x)g_{j}(x)\mathrm{d}x=k_{i}\delta(i-j)$$

$$\delta(i)=\begin{cases}1, & i=0\\0, & i\neq0\end{cases}$$

则称该函数集为正交函数集。

进一步，如果 $k_{i}=1$，即 $\int_{a}^{b}g_{i}^{2}(x)\mathrm{d}x=1$，则可称之为标准正交集，也称规范正交集。

设 $\{g_{1}(x),g_{2}(x),\cdots,g_{n}(x),\cdots\}$ 是 $[a,b]$ 区间上的标准正交集，$f(x)$ 在 $[a,b]$ 上有定义，令

$$k_{i}=\int_{a}^{b}f(x)g_{i}(x)\mathrm{d}x$$

$$f_{N}(x)=\sum_{k=0}^{N}k_{i}g_{i}(x)$$

若 $\lim\limits_{N\to\infty}f_{N}(x)=f(x)$，则称 $\sum\limits_{i=0}^{\infty}k_{i}g_{i}(x)$ 为 $f(x)$ 在 $[a,b]$ 上的正交展开。

韩素挠了挠头，不自在地说道："你这个展开式我倒是理解了，就是把整体分解成部分之和，可这个正交，我觉得不太直观。"

傅里叶宽容地笑笑说："整体分解为部分之和，正交就是一个部分不会影响另一个部分的作用，比如盐和醋就是'正交'的，多放盐不会让食物变酸，多放醋也不会让食物变咸。但盐和酱油就不正交，它们对食物含有共同的作用，就是使食物变咸。"

韩素似懂非懂地说："以前总是听人说，正交是垂直的推广，垂直很直观，但正交……尤其是醋和盐正交……，无法想象醋和盐垂直的样子。"

周围的人都笑了。傅里叶边笑边说："你也太单纯了。既然是推广，就不

可能完全保留原来的样子。几何上，两条直线垂直，是说它们的夹角为90°，夹角余弦值为0，数学上，就用它们的夹角余弦值来衡量两条直线的相互关系，为零则垂直，为1则平行。在二维平面内，如果这两条直线都过原点，且分别过点(x_1, x_2)，(y_1, y_2)，那么，这两条直线的夹角余弦值就是

$$\cos\theta = \frac{x_1 y_1 + x_2 y_2}{\sqrt{x_1^2 + x_2^2}\sqrt{y_1^2 + y_2^2}}$$

由于上式分母只是两条线段的长度，不影响夹角，所以可以归一化（即选择线段的长度为1）或者索性丢弃不用，引入一个新的指标，叫作相关函数：

$$r_{12} = x_1 x_2 + y_1 y_2$$

$r_{12} = 0$ 表示这两条直线垂直，$r_{12} = 1$ 表示这两条直线平行（重合）。

推广到 n 维空间，两个向量$(x_1, x_2, \cdots, x_n)$，$(y_1, y_2, \cdots, y_n)$之间的相关函数定义为 $r_{12} = x_1 y_1 + x_2 y_2 + \cdots + x_n y_n = \sum_{i=1}^{n} x_i y_i$，同样 $r_{12} = 0$ 表示这两个向量垂直。

进一步，将两个序列$(x_1, x_2, \cdots, x_n)$，$(y_1, y_2, \cdots, y_n)$推广到函数区间$[a, b]$上的函数 $f(x)$，$g(x)$，求和就变成积分 $\int_a^b f(x)g(x)\mathrm{d}x$，这就是内积的由来，当然我这里说的是实数，如果是复数，在第二个函数上取共轭即可——为什么取共轭？这个你自己推导一下就知道啦！"

韩素似懂非懂地点点头。

傅里叶童心大起："还有，你想看醋怎样与盐垂直，我来告诉你。我们选择一个味觉空间，比如说就是咸、酸、鲜吧！用一个三维欧氏空间代表它，咸轴上的单位元表示为$(1, 0, 0)$，酸轴上的单位元表示为$(0, 1, 0)$，鲜轴上的单位元表示为$(0, 0, 1)$，那么，从味觉的感觉上，岩盐可以表示为$(2, 0, 0)$，海盐可以表示为$(4, 0, 0)$，镇江醋表示为$(0, 3, 0)$，江西醋表示为$(0, 5, 0)$，某酱油就表示为$(2, 0, 3)$，现在你该知道，盐是怎么垂直于醋而不垂直于酱油的了吧！"

韩素若有所思地看着傅里叶耍酷，倒是刘云飞看到这里好像明白了，急急说道："明白了明白了，函数的幂级数展开不就是选择了一组基$\{1, x, x^2, \cdots, x^n, \cdots\}$，然后把任意函数写成$f(x) = a_0 + a_1 x + a_2 x^2 + \cdots + a_n x^n + \cdots$。"

傅里叶不满地看了他一眼，说道："不是的，$\{1, x, x^2, \cdots, x^n, \cdots\}$ 既不是规范的，也不是正交的，展开式的系数不能使用内积方法求，而傅里叶级数展开选择的基虽然不是规范的，但是正交的，通过上面的演算，你们应该能看出来，对正交展开式，它的展开式系数就可以用内积的方法来求：

对展开式 $$f(x) = \sum_{k=0}^{\infty} k_i g_i(x)$$

两边同乘 $g_j(x)$ 并积分，由正交性，可得

$$\int_a^b f(x) g_j(x) \, dx = \sum_{i=0}^{\infty} k_i \int_a^b g_i(x) g_j(x) \, dx = k_j \int_a^b g_j^2(x) \, dx$$

即有

$$k_j = \frac{\displaystyle\int_a^b f(x) g_j(x) \, dx}{\displaystyle\int_a^b g_j^2(x) \, dx}$$

当取标准正交基时，有

$$\int_a^b g_j^2(x) \, dx = 1, \quad k_j = \int_a^b f(x) g_j(x) \, dx$$

如果 $\{g_1(x), g_2(x), \cdots, g_n(x), \cdots\}$ 能以这种形式表达出 $[a, b]$ 上的全部的函数，则我们还称之为完备正交函数集。

比如，我们可以证明，三角函数集

$$\{1, \cos\omega_0 t, \cos 2\omega_0 t, \cdots, \cos n\omega_0 t, \cdots, \sin\omega_0 t, \sin 2\omega_0 t, \cdots, \sin n\omega_0 t, \cdots\}$$

在区间 $(t_0, t_0 + T)$ $\left(\omega_0 = 2\pi f_0 = \dfrac{2\pi}{T}, \quad T = \dfrac{2\pi}{\omega_0}\right)$ 上是一个完备正交函数集。

函数集中的函数两两相正交：

$$\int_{t_0}^{t_0+T} \cos(n\omega_0 t) \sin(m\omega_0 t) \, dt = 0$$

$$\int_{t_0}^{t_0+T} \cos(n\omega_0 t) \cos(m\omega_0 t) \, dt = \begin{cases} 2\pi, & m = n \\ 0, & m \neq n \end{cases}$$

$$\int_{t_0}^{t_0+T} \sin(n\omega_0 t) \sin(m\omega_0 t) \, dt = \begin{cases} 2\pi, & m = n \\ 0, & m \neq n \end{cases}$$

这样，对任意设周期为 T 的周期函数 $f(t)$，其角频率为 $\omega_0 = 2\pi f_0 = \dfrac{2\pi}{T}$，则

该函数可展开为下面三角形式的傅里叶级数

$$f(t) = a_0 + a_1\cos\omega_0 t + a_2\cos2\omega_0 t + \cdots + b_1\sin\omega_0 t + b_2\sin2\omega_0 t + \cdots$$

$$= a_0 + \sum_{n=1}^{\infty}(a_n\cos n\omega_0 t + b_n\sin n\omega_0 t)$$

式中，各正、余弦项的系数 a_n，b_n 称为傅里叶系数。

$$\begin{cases} a_0 = \dfrac{1}{T}\displaystyle\int_{t_0}^{t_0+T}f(t)\,\mathrm{d}t \\[3mm] a_n = \dfrac{2}{T}\displaystyle\int_{t_0}^{t_0+T}f(t)\cos n\omega_0 t\mathrm{d}t \quad (n=1,2,\cdots) \\[3mm] b_n = \dfrac{2}{T}\displaystyle\int_{t_0}^{t_0+T}f(t)\sin n\omega_0 t\mathrm{d}t \quad (n=1,2,\cdots) \end{cases}$$

上面积分区间可以是周期信号的任意一个周期。"

韩素问道："我觉得，随便给一个函数 $f(t)$，都可以按照这一组公式计算出来 a_n，b_n，得到和式

$$a_0 + \sum_{n=1}^{\infty}(a_n\cos n\omega_0 t + b_n\sin n\omega_0 t)$$

$f(t)$ 和这个和式是否在每一个 t 处都相等？或者，是否随着 n 趋向于无穷大，这个和式会收敛于函数 $f(t)$ 吗？满足什么条件的函数才能有肯定的答案？"

傅里叶不好意思地说："你这个问题实质上就是展开式的收敛问题。我一开始没有考虑什么收敛条件，只研究了这种形式的分解问题。后来人们才说，收敛的分解才有意义，狄利克雷（Dirichlet）做好事，帮我补充了收敛的条件。他证明，只要满足下面三个条件，你的问题就能有肯定的答案：

（1）$f(t)$ 绝对可积，即 $\displaystyle\int_{t_0}^{t_0+T}|f(t)|\mathrm{d}t < \infty$；

（2）$f(t)$ 在区间内至多有有限个间断点；

（3）$f(t)$ 在区间内至多有有限个极值点。

其中至多的意思是可以没有也可以有，这个条件被称为狄利克雷条件。工程上所用到的函数大都满足这个条件，所以都可以这样分解。"

韩素点了点头，若有所思地说道，你这分解式中又是 sin 又是 cos，还是很

复杂的。"

傅里叶接过话头说道："你说的有道理。为了便于应用，将同频率的信号合并，令

$$c_0 = a_0$$

$$c_n = \sqrt{a_n^2 + b_n^2}$$

$$\varphi_n = -\arctan \frac{b_n}{a_n}$$

$$\sin\varphi_n = \frac{-b_n}{\sqrt{a_n^2 + b_n^2}}$$

$$\cos\varphi_n = \frac{a_n}{\sqrt{a_n^2 + b_n^2}}$$

以上展开式可以改写成

$$\frac{f(t_-) + f(t_+)}{2} = c_0 + \sum_{n=1}^{\infty} c_n \cos(n\omega_0 t + \varphi_n)$$

以后不再区分连续点和第一类间断点，统一地写成

$$f(t) = c_0 + \sum_{n=1}^{\infty} c_n \cos(n\omega_0 t + \varphi_n)$$

显然，如果 $f(t)$ 本身也是一个周期为 T 的函数，则如果它可以在一个周期内用上面的公式分解，同时也可以在整个时间区间内分解。

有了这个表述，我们就可以对函数 $f(t)$ 给出一种新的表示，即将 $f(t)$ 表示成上述展开式系数的一个排列。

建立对应关系

$$f(t) \rightarrow \{(c_n, \varphi_n)\}$$

其中 $\varphi_0 = 0$，$\{(c_n, \varphi_n)\}$ 就可以作为 $f(t)$ 的另一种形式的表达式，这种表达式有明确的物理意义。现在假设 $f(t)$ 表示一个随时间变化的信号，即某一变化的物理量（比如电流或电压），称 ω_0 为信号的基频或基波频率；$2\omega_0$ 为二次谐波频率，$3\omega_0$ 为三次谐波频率，$\cdots$，$n\omega_0$ 为 n 次谐波频率，$\cdots$；相应的 c_0 为直流幅度，c_1 为基波振幅，c_2 为二次谐波振幅，$\cdots$，c_n 为 n 次谐波振幅；φ_1 为基波初

相位，…，φ_n 为 n 次谐波初相位。这样，周期信号 $f(t)$ 被分解为直流分量、基波分量以及各次谐波分量的加权和，$\{(c_n,\varphi_n)\}$ 表示了各频率分量的振幅、相位的变化，即振幅 c_n 和相位 φ_n 随频率 $n\omega_0$ 的变换情况，它们可以看成是信号特性在频率角度上的表现。

对正弦信号，不同的频率代表了变化快慢的不同，幅度代表了该分量的相对大小，相位代表了该分量的位置。展开式把信号 $f(t)$ 写成了变化快慢不同的分量的和，将信号看成是大小和位置不同的慢变部分（低频分量）和快变部分（高频）分量的和，低频部分代表了信号的轮廓，高频部分是对信号轮廓局部的修正，以使其更接近于原信号。

众人皆是莫名其妙。刘云飞以讽刺的口吻说道："阁下果然骨骼清奇，脑洞非凡。这种联想不是一般人能看得出来吧！"

傅里叶耐心地解释："这种变换的思想和方法不是我首先提出来的。比如，十进制到二进制的变换，将 11 写成 $1\cdot2^3+0\cdot2^2+1\cdot2^1+1\cdot2^0$，将 $\{2^k\}$ 看成是'基本元'，以关于这个基本元的展开式系数序列 $\{1,0,1,1\}$ 作为 11 的新表示，简记为 1011，对任何一个十进制数 x，都可以将其写成 $x=\sum\limits_{n=-\infty}^{\infty}w_n2^n$，就得到一个变换：$x\rightarrow\{w_n\}$；再比如，在没有计算器的时代，为了计算 e^x，人们将其写成 $e^x=1+x+\dfrac{x^2}{2!}+\dfrac{x^3}{3!}+\cdots$，这就是高等数学中的幂级数。将 $\{1,x,x^2,x^3,\cdots\}$ 看成一种'基本元'，就得到用展开式系数表示的 e^x：$\left\{1,1,\dfrac{1}{2!},\dfrac{1}{3!},\cdots\right\}$，这种表示的一般形式是，如果 $f(x)$ 在 $x=0$ 处有充分高阶的导数，则有 $f(x)=\sum\limits_{n=1}^{\infty}\dfrac{f^{(n)}(0)}{n!}x^n$，这样，就可以建立一种变换关系：$f(x)\rightarrow\left\{\dfrac{f^{(n)}(0)}{n!}\right\}$，只不过这种变换目前没有很大的应用价值，所以不建议专门研究它。这里只不过是将一个时间的函数变换成了频率分量幅度和相位的两个函数而已。"

这么一说，大家也觉得有理，就都不再说什么了，只是刘云飞有点不服气地问："你这里怎么都是实函数？我们可都是在讲复变函数呀！"

傅里叶阴险地一笑："嘿嘿！你用欧拉公式代到展开式里试试看？"

刘云飞一惊，赶忙推导了起来：

由欧拉公式 $\cos(n\omega t+\varphi_n)=\dfrac{\mathrm{e}^{\mathrm{j}(n\omega t+\varphi_n)}+\mathrm{e}^{-\mathrm{j}(n\omega t+\varphi_n)}}{2}$ 代入，得

$$f(t)=c_0+\sum_{n=1}^{\infty}c_n\cos(n\omega_0 t+\varphi_n)=c_0+\sum_{n=1}^{\infty}c_n\frac{\mathrm{e}^{\mathrm{j}(n\omega_0 t+\varphi_n)}+\mathrm{e}^{-\mathrm{j}(n\omega_0 t+\varphi_n)}}{2}$$

令　　　　　　$F_0=c_0,\quad F_n=\dfrac{1}{2}c_n\mathrm{e}^{\mathrm{j}\varphi_n},\quad F_{-n}=\dfrac{1}{2}c_n\mathrm{e}^{-\mathrm{j}\varphi_n}$

则

$$f(t)=F_0+\sum_{n=1}^{\infty}(F_n\mathrm{e}^{\mathrm{j}n\omega_0 t}+F_{-n}\mathrm{e}^{-\mathrm{j}n\omega_0 t})=\sum_{n=-\infty}^{\infty}F_n\mathrm{e}^{\mathrm{j}n\omega_0 t}$$

$$F_n=\frac{1}{T}\int_{-T/2}^{T/2}f(t)\mathrm{e}^{-\mathrm{j}n\omega_0 t}\mathrm{d}t$$

此时，听到傅里叶喊道："等一下！这个式子，就可以看成是 $f(t)$ 关于 $\mathrm{e}^{\mathrm{j}n\omega_0 t}$ 的展开式！如果我们定义复函数的内积：

设 $f(x)=u_1(x)+\mathrm{i}v_1(x)$，$g(x)=u_2(x)+\mathrm{i}v_2(x)$，$f(x)$，$g(x)$ 的内积定义为

$$(f(x),g(x))=\int_a^b f(x)\overline{g(x)}\mathrm{d}x$$

在 $\left[-\dfrac{T}{2},\dfrac{T}{2}\right]$ 上，$f(t)$ 与 $\mathrm{e}^{\mathrm{j}n\omega_0 t}$ 的内积就是 $\displaystyle\int_{-T/2}^{T/2}f(t)\mathrm{e}^{-\mathrm{j}n\omega_0 t}\mathrm{d}t$，并且，$\mathrm{e}^{\mathrm{j}n\omega_0 t}$ 与 $\mathrm{e}^{\mathrm{j}m\omega_0 t}$ 的内积

$$\int_{-T/2}^{T/2}\mathrm{e}^{\mathrm{j}n\omega_0 t}\mathrm{e}^{-\mathrm{j}m\omega_0 t}\mathrm{d}t=\begin{cases}T,&m=n\\0,&m\neq n\end{cases}$$

与那个展开式

$$f(t)=\sum_{n=-\infty}^{\infty}F_n\mathrm{e}^{\mathrm{j}n\omega_0 t},\quad F_n=\frac{1}{T}\int_{-T/2}^{T/2}f(t)\mathrm{e}^{-\mathrm{j}n\omega_0 t}\mathrm{d}t$$

对比一下，它是不是也是函数 $f(t)$ 的一个正交展开？！再用刚才的办法，把这个展开式用系数序列 $\{F_n\}$ 表示出来，是不是也是一种表达方法？！"

"等一下等一下！"刘云飞急忙打断："你这个信息量太大，让我反应一会儿。本来，$f(t)$ 是一个实函数，你这一折腾，居然把它用复数项级数表示出

来了？"

傅里叶调皮地说："这不是我的功劳，这是那个天才的欧拉，他用一个欧拉公式把实数和复数连成了一家。"

刘云飞想想也是，但转念一想："你也很过分啊？你用复数序列 $\{F_n\}$ 表示出来了实数函数，这好像也很有创意呀？"

傅里叶正色道："当我们以时间为变量观察函数时，我们只是看到了每一时刻函数的值，而当我们以正弦函数为观测基本单元时，我们看到了每一个频域分量的大小和位置，实际上让我们看到了函数更丰富的信息。这叫'横看成岭侧成峰'。我们把每一个频率分量表示成 $e^{jn\omega_0 t}$，它的幅度和相位就能用复数 F_n 来表示了。更具体地说，F_n 表示了每一个分量的大小和位置。"

刘云飞赞许地点了点头："可是在你说的频率分量表达中，含有 $n<0$ 的情况，难道还有负频率吗？频率不是说是单位时间内的变化次数吗，负频率怎么理解？"

傅里叶耐心地说："你研究一下这个'负频率'的由来就知道了，我们并没有在物理上引入实际的'负频率'，借助于数学中'辅助线'的思想，我们只是为了计算上的方便，用了一个负的下标而已。"

刘云飞追着问："那负频率有没有意义呢？"

傅里叶不耐烦了："意义？有的东西天生就有意义，有的东西的意义是别人赋予的。如果你愿意，你自然可以赋予它意义。就像速度这个概念，速度表示的是单位时间内走过的路程，那负速度有没有意义？"

这时韩素过来打圆场："傅老傅老，我看您这个变换挺有意义，但遗憾的是它只对周期函数有用，那非周期函数怎么办呐？"

未知傅里叶怎样应对，欲知后事，请看下回。

第二十一回
傅氏变换连时频　冲激函数单位元

阅读提示：本回从积分变换的角度给出傅里叶变换的定义，以及冲激函数的概念和意义。

傅里叶转头看看韩素说道："你提的这个问题非常好。直观上讲，非周期函数可以看成是周期函数的周期为无穷大的极限情形。由于在以上给出的展开式中，不可避免地用到了函数在一个周期上的积分，这样对非周期函数，这个积分区间就不是有限的了，肯定会涉及无限积分。为此，我先来给你打点基础，帮你复习一下高等数学中主值意义下广义积分的收敛性吧！

设函数 $f(t)$ 在任何有限区间上可积，若极限 $\lim\limits_{M\to\infty}\int_{-M}^{M}f(x)\mathrm{d}x$ 存在，则称在主值意义下 $f(t)$ 在区间 $(-\infty,+\infty)$ 上的广义积分收敛，记为

$$\mathrm{P.\,V.}\int_{-\infty}^{+\infty}f(x)\mathrm{d}x=\lim_{M\to\infty}\int_{-M}^{+M}f(x)\mathrm{d}x$$

若 $\int_{-\infty}^{+\infty}f(x)\mathrm{d}x$ 收敛，则 $\mathrm{P.\,V.}\int_{-\infty}^{+\infty}f(x)\mathrm{d}x$ 收敛，并且当它们都收敛时，二者之值相等。但反之不成立，即 $\mathrm{P.\,V.}\int_{-\infty}^{+\infty}f(x)\mathrm{d}x$ 收敛，$\int_{-\infty}^{+\infty}f(x)\mathrm{d}x$ 不一定收敛，例如 $f(x)=\sin x$，就是 $\mathrm{P.\,V.}\int_{-\infty}^{+\infty}\sin x\mathrm{d}x$ 收敛，但 $\int_{-\infty}^{+\infty}\sin x\mathrm{d}x$ 不收敛，甚至连最简

单的函数 $f(x)=x$，也是 P. V. $\int_{-\infty}^{+\infty} x\mathrm{d}x$ 收敛，但 $\int_{-\infty}^{+\infty} x\mathrm{d}x$ 不收敛。"

后面遇到的广义积分都是在主值意义下的广义积分，为简便起见，我们采用普通意义下的广义积分的记号来表示主值意义下的广义积分，即不再特别说明，直接将 P. V. $\int_{-\infty}^{+\infty} f(x)\mathrm{d}x$ 记成 $\int_{-\infty}^{+\infty} f(x)\mathrm{d}x$，简称广义积分。"

刘云飞装作很懂的样子说："你这是将在经典意义下的发散广义积分又拎出来一种特殊情况，叫什么主值收敛。你那个 P 是 Principal，V 是 Value 的意思吧！"

傅里叶看了刘云飞一眼，自顾自接着说道："现在我可以给出一个积分定理：若函数 $f(t)$ 在区间 $(-\infty,+\infty)$ 上满足下列两个条件：

（1）$f(t)$ 在任意有限区间上满足狄利克雷条件：$f(t)$ 在任意有限区间上连续或有有限个第一类间断点，且至多有有限个极值点。

（2）$f(t)$ 在区间 $(-\infty,+\infty)$ 上绝对可积，即 $\int_{-\infty}^{+\infty}|f(t)|\mathrm{d}t$ 收敛。

则含参变量 ω 的广义积分

$$F(\omega)=\int_{-\infty}^{+\infty}f(t)\mathrm{e}^{-\mathrm{j}\omega t}\mathrm{d}t$$

收敛且 $f(t)$ 在连续点 t 处有

$$f(t)=\frac{1}{2\pi}\int_{-\infty}^{+\infty}F(\omega)\mathrm{e}^{\mathrm{j}\omega t}\mathrm{d}\omega$$

即

$$f(t)=\frac{1}{2\pi}\int_{-\infty}^{+\infty}\left[\int_{-\infty}^{+\infty}f(\tau)\mathrm{e}^{-\mathrm{j}\omega\tau}\mathrm{d}\tau\right]\mathrm{e}^{\mathrm{j}\omega t}\mathrm{d}\omega$$

在 $f(t)$ 的间断点 t 处，上式的右端应为 $\frac{1}{2}[f(t+0)+f(t-0)]$。"

韩素讨好地说："相当于你开创了有意义的工作，狄利克雷为你找了个理论。你们都很了不起。既然狄利克雷都可以命名个条件，那我觉得这个积分应该称为傅里叶积分公式，这个定理应该称为傅里叶积分定理。"

傅里叶当然不会拒绝这个好意，哈哈一乐，补充说："$f(t)$ 满足傅里叶积分定理条件时，可以看出 $f(t)$ 和 $F(\omega)$ 通过指定的积分运算可以互相表达。前

一个积分式可以叫作 $f(t)$ 的傅里叶变换式，记为

$$F(f(t)) = F(\omega) = \int_{-\infty}^{+\infty} f(t)\,\mathrm{e}^{-\mathrm{j}\omega t}\mathrm{d}t$$

这种积分运算叫作取 $f(t)$ 的傅里叶变换，$F(\omega)$ 叫作 $f(t)$ 的像函数；后一式叫作 $F(\omega)$ 的傅里叶逆变换式，可记为

$$F^{-1}(F(\omega)) = f(t) = \frac{1}{2\pi}\int_{-\infty}^{+\infty} F(\omega)\,\mathrm{e}^{\mathrm{j}\omega t}\mathrm{d}\omega$$

$f(t)$ 叫作 $F(\omega)$ 的原函数，这种积分运算叫作取 $F(\omega)$ 的傅里叶逆变换。"

韩素问道："你这个式子与上一回的频谱与周期函数的对应关系

$$f(t) = \sum_{n=-\infty}^{\infty} F_n \mathrm{e}^{\mathrm{j}n\omega_0 t}$$

$$F_n = \frac{1}{T}\int_{-T/2}^{T/2} f(t)\,\mathrm{e}^{-\mathrm{j}n\omega_0 t}\mathrm{d}t$$

有一点相似哎！它们有关系吗？"

傅里叶得意地笑了："当然有啦！这里的积分关系是前面关系的极限形式。

先看 $F_n = \frac{1}{T}\int_{-T/2}^{T/2} f(t)\,\mathrm{e}^{-\mathrm{j}n\omega_0 t}\mathrm{d}t$，当 $T \to \infty$ 时，$\frac{1}{T} \to 0$，$F_n \to 0$，为此把 T 乘到

左边去，即 $TF_n = \int_{-T/2}^{T/2} f(t)\,\mathrm{e}^{-\mathrm{j}n\omega_0 t}\mathrm{d}t$，由 $T = \frac{2\pi}{\omega_0}$ 得

$$\frac{2\pi F_n}{\omega_0} = \int_{-T/2}^{T/2} f(t)\,\mathrm{e}^{-\mathrm{j}n\omega_0 t}\mathrm{d}t$$

现在，将非周期函数看成是周期为无穷大的函数，即令 $T \to \infty$，此时，ω_0 变成无穷小量，随着 n 的变化，$n\omega_0$ 可以看成是连续变量 ω，即

$$\lim_{T\to\infty}\frac{F_n}{\omega_0} = \frac{1}{2\pi}\int_{-T/2}^{T/2} f(t)\,\mathrm{e}^{-\mathrm{j}n\omega_0 t}\mathrm{d}t$$

令 $\lim\limits_{T\to\infty}\dfrac{F_n}{\omega_0} = F(\omega)$，则有

$$F(\omega) = \frac{1}{2\pi}\int_{-T/2}^{T/2} f(t)\,\mathrm{e}^{-\mathrm{j}n\omega t}\mathrm{d}t$$

再看 $f(t) = \sum\limits_{n=-\infty}^{\infty} F_n \mathrm{e}^{jn\omega_0 t}$，当 $T \to \infty$ 时，$n\omega_0$ 变为 ω，$F_n = F(\omega)\omega_0$。将 ω_0 看成是 $\mathrm{d}\omega$，求和号变成积分，便有 $f(t) = \sum\limits_{n=-\infty}^{\infty} F_n \mathrm{e}^{jn\omega_0 t} = \int_{-\infty}^{+\infty} F(\omega)\mathrm{e}^{j\omega t}\mathrm{d}\omega$，这就是傅里叶积分表达式呀！"

韩素和刘云飞同时恍然大悟，齐声说道："明白啦明白啦，果然奇妙！"

傅里叶不好意思地一笑说道："不过以上推导仅是形式上的推演，算不上严谨，严谨的论证过程由数学专业的后来者去完成，我们学工程的，只要记得结论、会用方法即可。

这个推演过程还让我们清晰地看出了傅里叶变换的含义。逆变换 $f(t) = \sum\limits_{n=-\infty}^{\infty} F_n \mathrm{e}^{jn\omega_0 t} = \int_{-\infty}^{+\infty} F(\omega)\mathrm{e}^{j\omega t}\mathrm{d}\omega$，来自于傅里叶级数展开 $f(t) = \sum\limits_{n=-\infty}^{\infty} F_n \mathrm{e}^{jn\omega_0 t}$，傅里叶级数展开的意思是将时域函数 $f(t)$ 展开成正弦分量 $\mathrm{e}^{jn\omega_0 t}$ 的加权和，权重 F_n 表示原信号中的分量 $\mathrm{e}^{jn\omega_0 t}$ 的大小（用 F_n 的幅度表示）和位置（用 F_n 的相位表示）。而 $f(t) = \int_{-\infty}^{+\infty} F(\omega)\mathrm{e}^{j\omega t}\mathrm{d}\omega$ 意味着非周期信号没有频率成分的概念，但它在每一个频率上都有'成分'，只不过体现为'密度'，就像一把面粉，你把它分成 10 小堆，那每一堆都有重量，它的分布可以用 10 个位置上的重量来表示，但如果你是把它洒成连续的一条线，那就不能在每一个点上称出重量了，但可以用线上每一点处的密度来表示面粉的分布。变换 $F(\omega) = \int_{-\infty}^{+\infty} f(t)\mathrm{e}^{-j\omega t}\mathrm{d}t$ 就表示这个密度的分布。"

刘云飞感慨地说："傅老您真是了不起。一开始还有人说，复数没有物理意义，你这一变，实数函数就变成复变函数啦！复数还真的有了实际的意义，以后再也不会有人质疑复数的作用了！"

韩素钦佩地说："神奇，神奇！你这一路推导过来，还给这个傅里叶变换赋予了清晰的物理意义。对周期为 T 的函数 $f(t)$ 来说，它的基频是 $\omega_0 = \dfrac{2\pi}{T}$，它可以看成是频率为基频整数倍 $n\omega_0$ 的正弦分量的叠加，这个正弦分量用复指函数表示为 $\mathrm{e}^{jn\omega_0 t}$，而每一个正弦分量的幅度和相位用复数 F_n 表示了；对非周期函数，把它当成周期为无穷大的周期函数后，它的基频 $\omega_0 = \dfrac{2\pi}{T}$ 就是个无穷小量

了，这样它在所有的频率上，都有分量的'密度'，每一个频率分量密度的幅度和相位也被 $F(\omega)$ 表示出来了，这样，无论是 F_n 还是 $F(\omega)$，它们都表示了原函数 $f(t)$ 关于频率的分布情况，这样就可以在频率域内分析函数了，了不起，了不起！"

傅里叶带着满满的成就感，说道："这样一种变换，能解决好多问题呢！比如：

求函数 $f(t) = \begin{cases} 1, & |t| \leqslant 1 \\ 0, & |t| > 1 \end{cases}$ 的傅里叶变换，并推证

$$\int_0^{+\infty} \frac{\sin\omega\cos\omega t}{\omega} \mathrm{d}\omega = \begin{cases} \dfrac{\pi}{2}, & |t| < 1 \\ \dfrac{\pi}{4}, & |t| = 1 \\ 0, & |t| > 1 \end{cases}$$

解证

$$F(f(t)) = F(\omega) = \int_{-\infty}^{+\infty} f(t)\,\mathrm{e}^{-\mathrm{j}\omega t}\mathrm{d}t$$

$$= \int_{-1}^{+1} \mathrm{e}^{-\mathrm{j}\omega t}\mathrm{d}t = -\left.\frac{\mathrm{e}^{-\mathrm{j}\omega t}}{\omega}\right|_{-1}^{1} = \frac{2\sin\omega}{\omega}$$

根据奇偶函数的积分性质，可得在 $f(t)$ 的连续点处（即 $|t| < 1$ 及 $|t| > 1$ 时），有

$$F^{-1}(F(\omega)) = f(t) = \frac{1}{2\pi}\int_{-\infty}^{+\infty} F(\omega)\,\mathrm{e}^{\mathrm{j}\omega t}\mathrm{d}\omega$$

$$= \frac{1}{2\pi}\int_{-\infty}^{+\infty} \frac{2\sin\omega}{\omega}\mathrm{e}^{\mathrm{j}\omega t}\mathrm{d}\omega$$

$$= \frac{1}{2\pi}\int_{-\infty}^{+\infty} \frac{2\sin\omega}{\omega}(\cos\omega t + \mathrm{j}\sin\omega t)\mathrm{d}\omega$$

$$= \frac{1}{2\pi}\int_{-\infty}^{+\infty} \frac{2\sin\omega\cos\omega t}{\omega}\mathrm{d}\omega$$

在间断点处（即 $|t|=1$ 时），有

$$\frac{1}{2\pi}\int_{-\infty}^{+\infty}\frac{2\sin\omega\cos\omega t}{\omega}\mathrm{d}\omega=\frac{f(t+0)+f(t-0)}{2}=\frac{1}{2}$$

从而得到含参变量广义积分的结果

$$\int_{0}^{+\infty}\frac{\sin\omega\cos\omega t}{\omega}\mathrm{d}\omega=\begin{cases}\dfrac{\pi}{2}, & |t|<1\\[2mm]\dfrac{\pi}{4}, & |t|=1\\[2mm]0, & |t|>1\end{cases}$$

并且由它可以推得 $t=0$ 时，有 $\int_{0}^{+\infty}\dfrac{\sin\omega}{\omega}\mathrm{d}\omega=\dfrac{\pi}{2}$，这是著名的狄利克雷积分公式。"

看到这里，刘云飞忍不住调侃道："狄利克雷费劲巴拉弄出来的一个积分公式，被你就这么轻飘飘地推出来了，怪不得他对你的事那么上心，花工夫给你找理论支持。"

傅里叶看到自己的工作得到了别人的认可，内心别提多高兴了。他兴奋地补充说："F_n 和 $F(\omega)$ 统称为频谱，只是前者真的是频谱，而后者只能算是'频谱密度'，不过在不至于混淆的情况下，为了简化名称，就只说频谱了。使用频谱对函数进行分析的工作被称为'频谱分析'。在频谱分析中，傅里叶变换 $F(\omega)$ 又称为 $f(t)$ 的频谱函数。频谱函数 $F(\omega)$ 的模 $|F(\omega)|$ 称为 $f(t)$ 的振幅频谱（简称频谱）。由于 ω 是连续变化的，我们称之为连续频谱。

例：作单个矩形脉冲函数 $f(t)=\begin{cases}1, & |t|\leqslant1\\0, & |t|>1\end{cases}$ 的频谱图。

解：该函数的频谱函数为 $F(\omega)=\dfrac{2\sin\omega}{\omega}$，由振幅频谱 $|F(\omega)|=2\left|\dfrac{\sin\omega}{\omega}\right|$，可作频谱图如下图所示（其中只画出 $\omega\geqslant0$ 的部分）。"

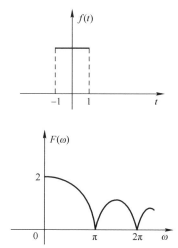

刘云飞也赞叹地说："您这个发明了不起，我看足以改变人类历史发展的进程。在你所引进的频域里，没有公共部分的各个频率范围的信号尽管在时域里交织在一起，但在频域里却是可以互不影响的，这样就可以分频段来处理信号，这或许就是将来可以一边打手机一边听广播，并且能互不影响的理论基础吧！"

傅里叶开玩笑地说："你先别拍马屁，频域分析方法能做的比你想象的多得多了。不过呢，光有这个变换还不够，还需要引入一个理想函数才行。"

刘云飞马上说："你引，你引。"

傅里叶说道："我给你举个例子吧。在电流为零的电路中，从时刻 t_0 到 $t_0+\varepsilon$ 通入一个单位电量的矩形脉冲。设电流为 $\delta_\varepsilon(t-t_0)$，则有

$$\delta_\varepsilon(t-t_0)=\begin{cases}\dfrac{1}{\varepsilon}, & t_0<t<t_0+\varepsilon \\[2mm] 0, & t<t_0,t>t_0+\varepsilon\end{cases}$$

当时间间隔 $\varepsilon\to 0^+$ 时，函数 $\delta_\varepsilon(t-t_0)$ 的极限状态就可以看成在瞬时 t_0 通入单位电量所产生的电流。在电路分析中，称这个极限电流为作用在时刻 t_0 的单位脉冲电流，称这个极限状态下的函数 $\lim\limits_{\varepsilon\to 0^+}\delta_\varepsilon(t-t_0)=\delta(t-t_0)$ 为**单位脉冲函数**，即 δ 函数，也称为**狄拉克（Dirac）函数**。当 $t_0=0$ 时，δ 函数 $\delta(t)$ 更为常见。δ 函

数是一个广义函数，它不能用普通意义的函数定义法（即值的对应关系）来定义，但可以认为，δ 函数 δ(t) 是某个普通函数序列 δ_ε(t) 的极限。"

这东西刘云飞还真没见过，忙惊讶地说："这也能算函数？"

傅里叶道："算广义的吧。可以认为 δ 函数具有如下两个特征：

（1）$t=0$ 时，函数 $\delta(t)=\infty$，$t \neq 0$ 时，$\delta(t)=0$

（2）$\delta(t)$ 在区间 $(-\infty,+\infty)$ 上的积分表示为

$$\int_{-\infty}^{+\infty} \delta(t)\,\mathrm{d}t = \lim_{\varepsilon \to 0^+} \int_{-\infty}^{+\infty} \delta_\varepsilon(t)\,\mathrm{d}t = 1$$

由此推出 δ 函数的一个重要结果，称为 δ 函数的筛选性质：

$$\int_{-\infty}^{+\infty} f(t)\delta(t)\,\mathrm{d}t = \int_{-\infty}^{+\infty} f(0)\delta(t)\,\mathrm{d}t = f(0)$$

$$\int_{-\infty}^{+\infty} f(t)\delta(t-t_0)\,\mathrm{d}t = \int_{-\infty}^{+\infty} f(t_0)\delta(t)\,\mathrm{d}t = f(t_0)$$

奇妙的是，δ 函数的傅里叶变换

$$F(\omega) = F(\delta(t)) = \int_{-\infty}^{+\infty} \delta(t)\mathrm{e}^{-\mathrm{j}\omega t}\,\mathrm{d}t = \mathrm{e}^{-\mathrm{j}\omega t}\big|_{t=0} = 1"$$

至此刘云飞算看明白了，傅里叶原来这是有私心呀！1 这个东西是很重要的，傅里叶引入了频域的概念，那么频域中的 1 自然也很重要。但从时域中找出与 1 对应的原函数，那就是 δ 函数了，实际上由 $\int_{-\infty}^{+\infty} f(t)\delta(t-t_0)\,\mathrm{d}t = f(t_0)$，改变一下 t 和 t_0 符号的用法，再利用 δ 函数的对称性，可以很容易地得到 $f(t) = \int_{-\infty}^{+\infty} f(t)\delta(t-t_0)\,\mathrm{d}t$，这个式子意味着任意函数 $f(t)$ 都可以用不同时刻的 δ 函数来表示。

不过想想倒也合理。频域中的 1 代表某函数在每一个频率上都有同样的密度，意味着时域中的冲激含有所有的频率分量。那时域中的 1 又对应着频域中的什么呢？

这时韩素插话道："这个傅里叶变换，看来是对函数的一种运算，从数学的角度上讲，既然是运算那就应该有运算的性质呀？"

傅里叶摆了摆手："有了傅里叶变换，加上 δ 函数，我们就能构成一个丰富扎实的傅里叶分析理论，你想知道详情，可以去买一本《大话信号与系统》

看看，那里面有详细的解说。"

　　韩素纳闷地问："老听你们说《大话信号与系统》，那是什么呀？"

　　刘云飞恨恨地说："那是本书作者写的另一本书。写个书还植入广告，烦死了。"

　　韩素正要开口，忽然听到外面一连串的喊叫："还有我还有我！"

　　不知发生了什么情况，欲知后事，且看下回。

第二十二回
拉普拉斯也变换　梦醒方觉江湖奇

阅读提示：本回基于傅里叶变换，建立拉普拉斯变换，给出用留数定理求逆变换的方法。本回也是全书的大结局。

众人循着声音望去，发现一群人正追着一个老头往里面闯，老头一边屁颠屁颠地跑，一边喊："还有我，还有我！"傅里叶一看气不打一处来，忙迎上前去，埋怨道："我说拉叔啊，你在那个《大话信号与系统》里跟我搅和还不够啊，又到这里来凑什么热闹啊！"

看到来人正是拉普拉斯，韩素摆了摆手，看门人退去。拉普拉斯停下脚步不服气地说道："又不是你写书，你能管得了我在哪不在哪吗？我自己说了都不算。再说，有好东西也不能光你一个人享受，我就不能沾点光吗？"

傅里叶哈哈大笑，爽快地说道："你又看到什么好处了，说来听听？"

拉普拉斯脖子一扭："积分变换呀！你看你那个傅里叶变换，$F(\omega)=\int_0^{+\infty}f(t)\mathrm{e}^{-\mathrm{j}\omega t}\mathrm{d}t$，被积函数是 $f(t)$ 乘一个单位圆上的复数 $\mathrm{e}^{-\mathrm{j}\omega t}$，我就想把这个 $\mathrm{e}^{-\mathrm{j}\omega t}$ 推广到复平面的全平面上，就是任意半径的圆上。为了形式好看，圆的半径用 $\mathrm{e}^{-\sigma t}$ 表示，$\sigma>0$ 是一个实变量，这样那个虚指数函数就变成 $\mathrm{e}^{-\sigma t-\mathrm{j}\omega t}=\mathrm{e}^{-st}$，$s=\sigma+\mathrm{j}\omega$。这样就得到一个新的变换 $F(s)=\int_0^{+\infty}f(t)\mathrm{e}^{-st}\mathrm{d}t$。我就把它称为拉普拉斯（Laplace）变换，简称拉氏变换。"

傅里叶鄙夷地说："我说拉叔啊，你这爱跟风的毛病得改。你咋啥都跟着呢？我那个傅里叶变换，可是有明确的物理意义的，它表示在 $f(t)$ 中提取正弦谐波分量，你的这个变换又是啥意思啊？"拉普拉斯在政治上不太坚定，是个墙头草，总是效忠于得势的一边，他知道傅里叶在拿他这一点取笑，心里也没有什么，宽容地一笑说："哎，我这次跟的可是对的。我的这个 e^{-st}，包含了两个方面，一是仍然能够反映你傅里叶变换的 $e^{-j\omega t}$，第二部分是 $e^{-\sigma t}$，它可以理解为对 $f(t)$ 起控制收敛的作用，保证那些不满足绝对收敛条件但发散速度不超过指数函数的 $f(t)$，例如单位阶跃函数、正弦函数、余弦函数、线性函数等，也能进行变换。"拉普拉斯换了一种口气，讨好地说道："你可以理解，我是对函数 $f(t)e^{-\sigma t}$ 取傅里叶变换。"

傅里叶一看有理，就说："那从便于学生学习的角度，你把你的定义完整地写出来吧！"

拉普拉斯欣然从命，写下了下面的定义：

设 $f(t)$ 为实变量 t 的实值（或复值）函数，当 $t \geq 0$ 时有定义，如果积分

$$\int_0^{+\infty} f(t)e^{-st}\mathrm{d}t \quad (\text{其中 } s = \sigma + \mathrm{i}\omega \text{ 为复参数})$$

在 s 的某一区域内收敛，则由此积分就确定了一个复变数 s 的复函数 $F(s)$，即

$$F(s) = \int_0^{+\infty} f(t)^{-st}\mathrm{d}t$$

称该积分变换为拉普拉斯变换，记为 $F(s) = L(f(t))$，即

$$L(f(t)) = \int_0^{+\infty} f(t)e^{-st}\mathrm{d}t$$

并称 $F(s)$ 为 $f(t)$ 的拉氏变换的**像函数**。相反，从 $F(s)$ 到 $f(t)$ 的对应关系称为拉氏逆变换（或称为拉氏反变换），记作

$$f(t) = L^{-1}(F(s))$$

并称 $f(t)$ 为 $F(s)$ 的**原函数**。

对一些常用的函数，其拉氏变换是容易求出的，比如：

单位阶跃函数 $\qquad u(t) = \begin{cases} 0, & t<0 \\ 1, & t>0 \end{cases}$

$$L(u(t)) = \int_0^{+\infty} u(t)e^{-st}dt = \int_0^{+\infty} e^{-st}dt = -\frac{1}{\rho}e^{-st}\Big|_0^{+\infty} = \frac{1}{s}$$

由于

$$|e^{-st}| = |e^{-(\sigma+i\omega)t}| = e^{-\sigma t}$$

所以，当且仅当 $\mathrm{Re}s = \sigma > 0$ 时，$\lim\limits_{t\to+\infty} e^{-st}$ 存在且等于零。从而

$$L(u(t)) = \frac{1}{s} \quad (\mathrm{Re}s > 0)$$

括号中的 $\mathrm{Re}s > 0$ 是函数 $u(t)$ 的拉氏变换的积分收敛域。

再如 $L(e^{kt})$，其中 k 为复常数，且

$$L(e^{kt}) = \int_0^{+\infty} e^{kt}e^{-st}dt = \int_0^{+\infty} e^{-(s-k)t}dt$$

$$= -\frac{1}{s-k}e^{-(s-k)t}\Big|_0^{+\infty} = \frac{1}{s-k} \quad (\mathrm{Re}s > k)$$

还有 $L(\sin kt)$，其中 k 为复常数，且

$$L(\sin kt) = \int_0^{+\infty} \sin kt\, e^{-pt}dt = \int_0^{+\infty} \frac{e^{ikt} - e^{-ikt}}{2!}dt$$

$$= \frac{1}{2!}\int_0^{+\infty} \left[e^{-(s-ik)t} - e^{-(s+ik)t}\right]dt$$

$$= \frac{1}{2!}\int_0^{+\infty} e^{-(s-ik)t}dt - \frac{1}{2!}\int_0^{+\infty} e^{-(s+ik)t}dt$$

$$L(\sin kt) = \frac{1}{2!}\left(\frac{1}{s-ik} - \frac{1}{s+ik}\right) = \frac{k}{s^2+k^2} \quad (\mathrm{Re}s > |\mathrm{Im}k|)$$

类似地，有

$$L(\cos kt) = \frac{s}{s^2+k^2} \quad (\mathrm{Re}s > |\mathrm{Im}k|)，\text{这里 } k \text{ 为复常数}$$

还有，幂函数 $f(t) = t^m (m > -1)$：

$$L(t^m) = \int_0^{+\infty} t^m e^{-pt}dt, \quad \text{令 } st = u, \ t = \frac{u}{s}, \ dt = \frac{1}{s}du, \ \text{则}$$

$$L(t^m) = \int_0^{+\infty} \left(\frac{u}{s}\right)^m e^{-u}\frac{1}{s}du = \frac{1}{s^{m+1}}\int_0^{+\infty} u^m e^{-u}du = \frac{1}{s^{m+1}}\int_0^{+\infty} u^{m+1-1}e^{-u}du$$

$$= \frac{\Gamma(m+1)}{s^{m+1}}$$

所以有
$$L(t^m) = \frac{\Gamma(m+1)}{s^{m+1}}\,(\mathrm{Re}s>0)$$

当 m 为正整数时，有

$$L(t^m) = \frac{\Gamma(m+1)}{s^{m+1}} = \frac{m!}{s^{m+1}} \quad (\mathrm{Re}s>0)$$

　　看到这里，傅里叶发现，这个拉氏变换的确是大有长处，与自己的傅里叶变换相比，除了变换后参数的意义不太明确外，它不仅拓展了可变换函数的范围，而且看起来也更紧凑了，心里不免有点小嫉妒。眉头一皱计上心来，不由问道："我傅里叶变换可以对周期函数进行变换的，你拉氏变换可以变周期函数吗？如果不能，意义就大打折扣了。"

　　拉普拉斯一笑说道："若函数 $f(t)$ 以 T 为周期，即
$$f(t+T)=f(t) \quad (t>0),$$
则由拉氏变换的定义，有

$$
\begin{aligned}
L[f(t)] &= \int_0^{+\infty} f(t)\,\mathrm{e}^{-st}\mathrm{d}t \\
&= \int_0^T f(t)\,\mathrm{e}^{-st}\mathrm{d}t + \int_T^{2T} f(t)\,\mathrm{e}^{-st}\mathrm{d}t + \cdots + \int_{kT}^{(k+1)T} f(t)\,\mathrm{e}^{-st}\mathrm{d}t + \cdots \\
&= \sum_{k=0}^{\infty} \int_{kT}^{(k+1)T} f(t)\,\mathrm{e}^{-st}\mathrm{d}t \xrightarrow{\ \ 令\ t=\tau+kT\ \ } \sum_{k=0}^{\infty} \int_0^T f(\tau+kT)\,\mathrm{e}^{-s(\tau+kT)}\mathrm{d}\tau \\
&= \sum_{k=0}^{\infty} \mathrm{e}^{-skT}\int_0^T f(\tau)\,\mathrm{e}^{-s\tau}\mathrm{d}\tau = \int_0^T f(\tau)\,\mathrm{e}^{-s\tau}\mathrm{d}\tau \sum_{k=0}^{\infty} (\mathrm{e}^{-sT})^k \\
&= \frac{1}{1-\mathrm{e}^{-sT}}\int_0^T f(\tau)\,\mathrm{e}^{-s\tau}\mathrm{d}\tau \quad (t>0, |\mathrm{e}^{-sT}|<1)
\end{aligned}
$$

所以周期函数的拉氏变换公式为

$$L(f(t)) = \frac{1}{1-\mathrm{e}^{-sT}}\int_0^T f(t)\,\mathrm{e}^{-st}\mathrm{d}t$$

还有最重要的，单位脉冲函数 $\delta(t)$，利用性质 $\int_{-\infty}^{+\infty} f(t)\delta(t)\mathrm{d}t = f(0)$，　有

$$L[\delta(t)] = \int_{-\infty}^{+\infty} \delta(t) e^{-pt} dt = e^{-pt}\big|_{t=0} = 1_\circ\text{''}$$

刘云飞一看："啊？$\delta(t)$ 的拉普拉斯变换也是 1 呀？怪不得这么重要。"

傅里叶仍不死心，说道："我傅里叶变换是有明确的收敛条件的，尽管只是个充分条件，你有吗？"

拉普拉斯回道："当然有。我先定义个概念。对实变量的复值函数 $f(x)$，如果存在两个常数 $M>0$ 及 $\sigma_c \geq 0$，使对于一切 $t \geq 0$ 都有 $|f(x)| \leq Me^{\sigma_c t}$ 成立，即 $f(t)$ 的增长速度不超过指数函数，则称 $f(t)$ 为指数级函数，σ_c 为其增长指数。

然后就能给出拉氏变换存在定理：设函数 $f(t)$ 满足下列条件：

（1）当 $t<0$ 时，$f(t) = 0$；

（2）$f(t)$ 在 $t \geq 0$ 的任一有限区间上分段连续，间断点的个数是有限个，且都是第一类间断点；

（3）$f(t)$ 是指数函数，

则 $f(t)$ 的拉氏变换
$$F(s) = \int_0^{+\infty} f(t)^{-st} dt$$

在半平面 $\mathrm{Re}s = \sigma > \sigma_c$ 上一定存在，此时上式右端的积分绝对收敛，同时在此平面内，$F(p)$ 是解析函数。

证明：由条件（3）可知，存在常数 $M>0$ 及 $\sigma_c \geq 0$，使得
$$|f(t)| \leq Me^{\sigma_c t} \quad (t \geq 0)$$

于是，当 $\mathrm{Re}p = \sigma > \sigma_c$ 时，
$$|F(p)| = \left| \int_0^{+\infty} f(t) e^{-pt} dt \right| \leq \int_0^{+\infty} |f(t) e^{-pt}| dt$$
$$\leq \int_0^{+\infty} Me^{\sigma_c t} e^{-pt} dt = M \int_0^{+\infty} e^{-(\sigma - \sigma_c)t} dt$$
$$= \frac{M}{\sigma - \sigma_c},$$

所以积分 $\int_0^{+\infty} f(t) e^{-st} dt$ 在 $\mathrm{Re}s = \sigma - \sigma_c$ 内收敛（而且绝对收敛），即 $F(s)$ 存在。"

拉普拉斯越说越来劲："不仅如此，我拉普拉斯变换还有一些良好的基本

性质……"

傅里叶忙说："打住打住，给作者一个面子，具体的性质让读者去看《大话信号与系统》吧！"

拉普拉斯倒也大方，说道："好吧好吧！不过我的逆变换可以用留数定理来求，这是那本书里没有的，值得一提哦！"

刘云飞一听来劲了："这样呀？快说快说！"

于是，拉普拉斯给出了如下的定理。

定理 1 若函数 $f(t)$ 满足拉氏变换存在定理中的条件，$L(f(t))=F(s)$，σ_0 为收敛坐标，则 $L^{-1}(F(s))$ 由下式给出：

$$f(t)=\frac{1}{2\pi i}\int_{\sigma-i\infty}^{\sigma+i\infty}F(s)e^{st}ds \quad (s=\sigma+i\omega, t>0)$$

其中 t 为 $f(t)$ 的连续点。

如果 t 为 $f(t)$ 的间断点，则改成

$$\frac{f(t+0)+f(t-0)}{2}=\frac{1}{2\pi i}\int_{\sigma-\infty}^{\sigma+\infty}F(s)e^{st}ds$$

这里的积分路线是平行于虚轴的任一直线 $\mathrm{Re}s=\sigma(>\sigma_0)$。称此式为**复反演积分公式**。其中的积分应理解为

$$\int_{\sigma-i\infty}^{\sigma+i\infty}F(s)e^{st}ds=\lim_{\omega\to\infty}\int_{\sigma-i\infty}^{\sigma+i\infty}F(s)e^{st}ds$$

证明： 由拉氏变换存在定理，当 $\sigma>\sigma_0$ 时，$f(t)e^{-\sigma t}$ 在 $0\le t<+\infty$ 上绝对可积；又当 $t<0$ 时，$f(t)\equiv0$。因此函数 $f(t)e^{-\sigma t}$ 在 $-\infty<t<+\infty$ 上也绝对可积，它满足傅里叶积分存在定理的全部条件，所以在 $f(t)$ 的连续点处有

$$f(t)e^{-\sigma t}=\frac{1}{2\pi}\int_{-\infty}^{+\infty}\left[\int_{-\infty}^{+\infty}f(\tau)u(\tau)e^{-\sigma\tau}e^{-i\omega\tau}d\tau\right]e^{i\omega\tau}d\omega$$

$$=\frac{1}{2\pi}\int_{-\infty}^{+\infty}e^{i\omega\tau}d\omega\int_{-\infty}^{+\infty}f(\tau)e^{-(\sigma+i\omega)\tau}d\tau$$

$$=\frac{1}{2\pi}\int_{-\infty}^{+\infty}F(\sigma+i\omega)e^{-i\omega t}d\omega$$

将上式两边同乘以 $e^{\sigma t}$，并考虑到它与积分变量 ω 无关，得

$$f(t) = \frac{1}{2\pi} \int_{-\infty}^{+\infty} F(\sigma + i\omega) e^{(\sigma+i\omega)t} d\omega$$

令 $\sigma + i\omega = s$，则 $ds = id\omega = s$，对 ω 的积分限 $+\infty$ 变为对 s 的积分限 $\sigma \pm i\infty$。于是

$$f(t) = \frac{1}{2\pi i} \int_{-\infty}^{+\infty} F(p) e^{pt} dp \quad (t > 0)$$

其中积分路线 $(\sigma - i\infty, \sigma + i\infty)$ 是半平面 $\mathrm{Re}s = \sigma > \sigma_0$ 内任一条平行于虚轴的直线。

实际上，利用复反演积分公式计算原函数是很困难的。但由于 $F(s)$ 是 s 的解析函数，所以可以利用复变函数积分的某些方法求出原函数 $f(t)$。

因为 $F(s)$ 在直线 $\mathrm{Re}s = \sigma(>\sigma_0)$ 及其右半平面内是解析的，则一般在直线 $\mathrm{Re}s = \sigma(>\sigma_0)$ 左半平面内是不解析的，设 $F(s)$ 在左半平面内含有奇点 $s_1, s_2, \cdots, s_n$。利用复变函数的围线积分的方法来计算复反演积分。取如下图所示的围道 $C = C_R + \overline{AB}$，C_R 是直线 $\mathrm{Re}s = \sigma(>\sigma_0)$ 左侧，以 $\sigma + i \cdot 0$ 为圆心，R 为半径的圆弧，取 R 充分大，使 $F(s)$ 的所有奇点都包含在围线 C 内部。另外，e^{st} 在全平面上是解析的，所以 $F(s)e^{st}$ 的奇点就是 $F(s)$ 的奇点，这样

$$\frac{1}{2\pi i}\Big[\int_{AB} F(s) e^{st} ds + \int_{C_R} F(s) e^{st} ds \Big] = \frac{1}{2\pi i} \oint_C F(s) e^{st} ds$$

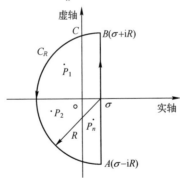

由留数定理，上式右端的积分为 $\sum_{k=1}^{n} \mathrm{Res}\big[F(s) e^{st}, s_k \big]$。

再令 $R \to \infty$，上式右端显然与 R 无关，左端第一个积分的极限是复反演公式；而对于第二个积分，如果 $t>0$，且当 $s \to +\infty$ 时，$F(s) \to 0$，则根据复函数中的若尔当（Jordan）引理，可证 $\lim\limits_{R \to +\infty} \int_{C_R} F(s) e^{st} ds = 0$。于是

$$f(t) = L^{-1}(F(s)) = \sum_{k=1}^{n} \text{Res}\left[F(s)e^{st}, s_k \right] \quad (t > 0)$$

由此，可归纳出下面的定理。

定理 2　若 $F(s)$ 在全平面上只有有限个奇点 $s_1, s_2, \cdots, s_n$，它们全部位于直线 $\text{Re}s = \sigma(>\sigma_0)$ 的左侧，并且当 $s \to \infty$ 时，$F(s) \to 0$，则有

$$f(t) = L^{-1}(F(s)) = \sum_{k=1}^{n} \text{Res}\left[F(s)e^{st}, s_k \right] \quad (t > 0)$$

即使 $F(s)$ 在 $\text{Re}s = \sigma$ 的左侧的半平面内有无穷多个奇点，上式在一定条件下也是成立的，即 n 可以是有限数也可以是 ∞。

刘云飞一看，觉得用留数定理求拉普拉斯逆变换其实也挺麻烦的，不由自主地就皱了皱眉头，这个小动作被拉普拉斯发现了，拉普拉斯好像读懂了刘云飞的心思，赶忙说道："对一般的函数，用留数定理求逆变换的确需要一定的工作量，但如果像函数是有理分式函数，那就简单多了。"

刘云飞忙问："哦？怎么呢？"

拉普拉斯说道："设像函数 $F(s) = \dfrac{A(s)}{B(s)}$ 为有理分式函数，其中 $A(s)$ 和 $B(s)$ 都是 s 的多项式……"

傅里叶赶忙插话："打住打住！这种时候的拉氏逆变换，在《大话信号与系统》一书中有充分的讨论和神奇的方法，你这里就不用多说了！"

拉普拉斯一笑说道："那我就通过一个线性微分方程的求解问题来演示一下拉普拉斯变换的应用吧！"

众人一想这也不过分，就聚精会神地看着拉普拉斯的演算：

例 1：求 $y''(t) + 4y(t) = 0$，满足初始条件 $y(0) = -2$，$y'(0) = 4$ 的特解。

解：设 $L(y(t)) = Y(s)$，对方程两边取拉氏变换，则得

$$s^2 Y(s) - sy(0) - y'(0) + 4Y(s) = 0$$

这里用到了拉普拉斯变换的微分性质：若 $f(t)$ 在 $t \geq 0$ 中 n 次可微，且 $f^{(n)}(t)$ 满足拉氏变换存在定理的条件，又 $L(f(t)) = F(s)$，则有

$$L(f^{(n)}(t)) = s^n F(s) - s^{n-1}f(0) - s^{n-2}f'(0) - \cdots - f^{(n-1)}(0) \quad (\text{Re}s > \sigma_0)$$

特别当初值$f(0)=f'(0)=f''(0)=\cdots=f^{(n-1)}(0)=0$时，$L[f^{(n)}(t)]=s^nF(s)$。

考虑到初始条件，可得像函数方程

$$s^2Y(s)+2s=4+4Y(s)=0$$

$$(s^2+4)Y(s)=-2s+4$$

解像函数方程，得

$$Y(s)=\frac{-2s+4}{s^2+4}=\frac{-2s}{s^2+4}+\frac{4}{s^2+4}$$

取拉氏变换的逆变换，最后可得

$$y(t)=-2\cos 2t+2\sin 2t$$

刘云飞首先发出感叹："噢！拉普拉斯变换把一个微分方程变成了代数方程，这样求解不需要背特征方程之类的公式，简单不少啊！"

拉普拉斯得意地说："这只是简化了运算，并没有做别人做不到的事。给你看下面这个例子。"

例2：求解变系数二阶线性微分方程

$$ty''+2(t-1)y'+(t-2)y=0$$

刘云飞一看："哟！这变系数二阶线性微分方程，高等数学里可没有讲过，怎么拉普拉斯变换能求？"

拉普拉斯更加得意，开心地说："你看吧！"

解：对方程的两边同时取拉氏变换，有

$$L(ty'')+2L(ty')-2L(y')+L(ty)-2L(y)=0$$

由拉氏变换的微分性质

$$F'(s)=-L(tf(t))-[s^2Y(s)-sy(0)-y'(0)]'_s-2[sY(s)-y(0)]'_s-2[sY(s)-y(0)]$$
$$-Y'(s)-2Y(s)=0$$

整理得

$$(s+1)^2Y'(s)+4s(s+1)y(s)=3y(0)$$

这又是一个关于s的一阶线性微分方程，可采用高等数学中的解法，解出其通解为

$$Y(s)=\frac{y(0)}{s+1}+\frac{c}{(s+1)^4}\quad(c\text{ 为任意常数}),$$

再利用拉氏变换的逆变换，可得原二阶线性微分方程的解为

$$y(t) = y(0)\mathrm{e}^{-t} + c_1 t^3 \mathrm{e}^{-t} \quad (c_1 \text{为任意常数})"$$

众人更佩服了，纷纷赞叹："这拉普拉斯，真厉害！"

就在厅内赞扬声一声高过一声的时候，一群人不顾看门人的劝阻，纷纷喊道："我也要讲我也要讲，我们都要讲！"

韩素吩咐打开大门，让大家都进来，耐心问道："大家都想要讲什么，一个一个说好吗？"

只见一个英俊潇洒的大汉开口说道："我们看到了傅里叶变换和拉普拉斯变换，我们感觉这两个变换具有一般性，就是定义一个满足一定条件的核函数 $K(s,x)$，对已知函数 $f(x)$，如果

$$F(s) = \int_a^b K(s,x)f(x)\,\mathrm{d}x$$

存在（其中，a、b 可为无穷），则就可以得到 $f(x)$ 的一个积分变换，称 $F(s)$ 为 $f(x)$ 的以 $K(s,x)$ 为核的积分变换。如果 $K(s,x)$ 选择得好的话，往往能很好地揭示 $f(x)$ 的某个方面的性质，给工程应用带来巨大的方便，比如，我选择 $K(s,x) = \dfrac{1}{\pi}\dfrac{1}{s-x}$，定义希尔伯特变换

$$F(s) = \frac{1}{\pi} \int_{-\infty}^{+\infty} \frac{f(x)}{s-x}\,\mathrm{d}x$$

通过希尔伯特变换，使得我们对短信号和复杂信号的瞬时参数的定义及计算成为可能，能够实现真正意义上的瞬时信号的提取，因而这个在信号处理上具有十分重要的地位……"

没等希尔伯特[⊖]说完，另一个人抢着说："我的 $K(s,x) = x^{s-1}$ 定义了一个梅林变换

⊖　希尔伯特（Hilbert，1862—1943），德国著名数学家，是 20 世纪最伟大的数学家之一，被后人称为"数学世界的亚历山大"。他对数学的贡献是巨大的和多方面的，研究领域涉及代数不变式、代数数域、几何基础、变分法、积分方程、无穷维空间、物理学和数学基础等。他在 1899 年出版的《几何基础》成为近代公理化方法的代表作，且由此推动形成了"数学公理化学派"，可以说希尔伯特是近代形式公理学派的创始人。

$$F(s) = \int_0^\infty f(x) s^{s-1} \mathrm{d}x$$

这一变换被广泛用于计算机科学中分析算法，尤其是在图像识别中很有用，在量子力学、通信等领域，梅林变换也有重要应用价值。"

这边话刚落地，另一个人马上接上道："我选择的 $K(s,x) = xJ_\gamma(sx)$，其中的 $J_\gamma(x)$ 为 γ 阶贝塞尔函数，我定义的是汉克尔变换：

$$F(s) = \int_0^\infty xJ_\gamma(sx)f(x)\,\mathrm{d}x \quad (s > 0)$$

汉克尔变换是傅里叶变换在圆/球对称域中的一种特殊形式，可用于分析信号在径向的波动情况，在地球物理等领域有重要应用……"

"我定义的小波变换是……

"丁零！"突然响起的刺耳的电话铃声把刘云飞从睡梦中惊醒。他惊慌失措地拿起电话，耳机里传来老师田教授的声音："怎么样，你现在知道课题怎样进行下去了吧？"

有了复变函数理论垫底，刘云飞底气十足，愉快地答道："知道了，老师，放心吧！我过两天就可以向您汇报了。"

放下电话，刘云飞突然打了一个激灵：听那口气，老师好像知道我这一夜之间学会了复变函数？"莫非?!"一个可怕的念头闪过，刘云飞忽然感到一阵寒意袭来，忍不住打了一个冷颤。

（全书完）

参 考 文 献

[1] 苏变萍，陈东立. 复变函数与积分变换 [M]. 2 版. 北京：高等教育出版社，2010.

[2] 余家荣. 复变函数 [M]. 3 版. 北京：人民教育出版社，2000.

[3] 岳振军，王渊，余璟，等. 大话信号与系统 [M]. 北京：机械工业出版社，2021.